향의 과학

옮긴이 윤선해

커피 세계를 기웃거린 지 30년, 일본생활 15년 동안 대학원과 국제교류연구소에서 경영학과 국제관계학을 전공하고, 에너지업계에 잠시 머물렀다.

하지만 대학 전공보다 커피교실을 열심히 찾아다니며 커피의 매력에 푹 빠져 지냈기 때문에, 일본에서 커피를 전공했다고 생각하는 지인들이 많을 정도다. 커피 한 잔이 주는 감동을 더 많은 이들과 공감하길 바라며, 언제나 더 '좋은 커피'와 '멋진 커피인'을 만나기를 열망한다. 한 잔의 커피가 세상을 아름답게 할 수 있다고 믿기에….

옮긴 책으로 《향의 과학》 《커피집》 《커피 과학》 《커피교과서》 《카페를 100년간 이어가기 위해》 《스페셜티커피 테이스팅》이 있다.

후지로얄코리아 대표 및 로스팅 커피하우스 'Y'RO coffee' 대표를 맡고 있다.

감수 이진규 李珍珪

연세대학교 생명공학과를 졸업하고 미국 샌디에이고 스크립트 연구소에서 박사 후 연구원으로 일했다. 이후 기초과학지원연구원을 거쳐, 현재 이화여자대학교 공과대학 식품공학과 교수로 재직하며 식품가공학, 식품가공 설계 및 실험, 유기화학, 나노식품공학 등을 가르치고 있다.

향의 과학

첫판 1쇄 펴낸날 2021년 7월 30일
첫판 2쇄 펴낸날 2022년 6월 15일

지은이 | 히라야마 노리아키
옮긴이 | 윤선해
펴낸이 | 지평님
본문 조판 | 성인기획 (010)2569-9616
종이 공급 | 화인페이퍼 (02)338-2074
인쇄 | 중앙P&L (031)904-3600
제본 | 서정바인텍 (031)942-6006

펴낸곳 | 황소자리 출판사
출판등록 | 2003년 7월 4일 제2003-123호
주소 | 서울시 종로구 송월길 155 경희궁자이 오피스텔 4425호
대표전화 | (02)720-7542 팩시밀리 | (02)723-5467
E-mail | candide1968@hanmail.net

ⓒ 황소자리, 2021

ISBN 979-11-91290-04-2   03430

향의 과학

향의 정체부터

정서적·약리적 효능까지

平山令明
히라야마 노리아키

윤선해 옮김 · 이진규 감수

황소자리

좋은 냄새를 가리켜 '향香'이라고 한다. 우리는 일상적으로 '향'을 느끼고 이용하며 산다. '아로마테라피'라는 단어를 알고 있는 독자가 많을 테고, 좋은 향을 생활 속에서 적극적으로 활용하는 사람도 적지 않을 것이다. 어떤 향수를 뿌릴지 고민하는 사람은 드물지 모르지만, 샴푸 비누 입욕제와 화장품 등을 구입할 때 향을 선택의 기준으로 삼는 사람은 의외로 많지 않은가?

꽃을 좋아하는 사람은 색과 형태의 아름다움만이 아니라 향에도 매료된다. 좋은 향은 우리의 삶, 특히 정신생활을 풍요롭게 해준다. 사실 인류는 수천 년 전부터 향을 이용해왔다.

그러나 우리가 '향'에 관해 제대로 배울 기회는 거의 없다. 다르게 표현하면, 후각에 대해 배울 기회가 그다지 많지 않은 것이다. 향을 제대로 활용하고, 안전하게 즐기기 위해서는 향에 관한 과학적 지식을 갖추는 게 매우 중요함에도 말이다. 이 책은 '향'을 과학적인 측면에서 바라보고 이야기하기 위해 쓰여졌다. '향'이란 무엇인가, 우리는 어떻게 '향'을 느끼는가, 어떻게 해서 좋은 '향'을 얻을 수 있었는가, '향'은 우리에게 어떤 영향을 주는가 등에 대해서 본격적으로 이야기하려 한다.

향은 말로 표현하기 어려운 감각이지만, 우리의 마음에 직접적으로 영향을 주는 감각이기도 하다. 여러분도 경험했을지 모른다. 어떤 향은 과거의 기억을 한순간에 떠오르게 한다. 좋은 향을 맡으면, 우리의 마음이 금새 차분해지기도 한다. 이렇듯 우리가 체험하는 특정 향과 연관된 반응에는 과학적 근거가 있을까?

후각은 다른 감각과 크게 다른 특징을 갖고 있다. 다만 후각에 관한 연구는 다른 감각에 비해 매우 뒤처져 있어서, 많은 것들이 여전히 명확하게 규명되지 않은 상태다. 이 책을 통해 나는 향에 관한 독특한 현상들이 현재까지 어떻게 밝혀지고 있는지를 상세히 소개하려 한다.

사실 '향'은 화학물질이다. 그러므로 올바르게 이해하기 위해서는 화학적 이해가 필수적이다. 따라서 나는 향의 여러 측면에 대한 이해를 돕기 위해 '향의 화학'에 관해서도 간략하게 소개했다. 특히 아로마테라피나 향수에 흥미를 지닌 독자들이 향에 관한 인식의 깊이를 더하고, 보다 안전하고 효과적으로 향을 이용하는데 적잖은 도움이 될 것이라 확신한다.

이러한 지식은 향이 주는 즐거움의 폭을 넓혀 나가는 데에도 큰 도움이 된다. 특히 향의 분자에 관한 지식은 여러분 각자에게 맞는 향을 찾아내고, 실생활에 활력과 변화를 줄 수 있는 향을 선택하는 데에도 친절한 길잡이가 되어 줄 것이다.

나는 오랜 커피 덕후이다. 아니 커피 탐미자로 생활한 지 오래된 사람이다. 어찌 됐든 커피 향에 매료되어 커피의 맛과 향에 관해 더 잘 알고 싶다는 욕구가, 향을 가진 모든 것을 향한 관심으로 이어졌다. 커피, 와인, 위스키, 향수 등 대체할 수 없는 향을 가진 물품 자체들은 물론이려니와 향을 다루고 이용할 수 있는 세계에까지 자연스레 호기심이 생겼다.

그러나 나의 감상적인 궁금증과는 반대로 향의 세계는 너무나 완벽하게 과학적인 분야였다. 어렵다는 것은 진작부터 알았다. 다만 내가 가진 감각기관으로 향을 느낄 수 있다는 점 때문에, 도전해 보고 싶은 의지는 사라지지 않았던 것 같다. 그렇게 향 관련 책들을 살피던 중《커피 과학》의 원서 시리즈에《향의 과학》이라는 책이 포함돼 있다는 사실을 알게 되었다. 향에 관한 기본적인 지식부터 일상에서 접하는 향과 관련한 과학적 근거들, 삶에 도움이 되는 향에 관한 연구들이 일목요연하게 소개돼 있었다.

향은 화학물질이라서 필연적으로 화학적 이해를 돕는 설명이 필요하다. 문제는 그 '화학'이 내게는 너무나 어려웠다. 이과적 뇌가 없는 내가 이 책을 번역하게 된 것은, 오로지 '향기'에 대한 호기심에서 자라난 과욕 때문이었다.

호기심과 욕심에 비례하지 못하는 나의 화학지식은, 이 책을 번역하는 동안 번번이 나를 한계에 부딪히게 했다. 솔직히 고백하자면, 초벌 번역 당시 내용을 미처 이해 못 한 채 말만 바꿔 옮겨 놓은 부분이 종종 있었다. 관련 자료를 찾아가며 공부를 했지만 도저히 이해가 안 되는 내용들…. 익숙하지 않은 화학식을 눈으로 훑으며, 고등학교 수업시간에 잠만 잤던 걸 새삼 후회하기도 했다. 여기에 통일되지 않은 표기법들이 여기저기 나와서 번역작업을 이중으로 힘들게 했다.

문장이 문장답게 되는 데에는 번역자인 나보다 더 많이 읽고, 찾고, 다듬어 주신 출판사 대표님의 정성과 노력이 없이는 불가능했다. 지평님 대표님의 인고에 감히 찬사를 드리고 싶다. 더불어 식품공학 박사이신 이화여대 이진규 교수님의 감수가 없었다면 더 오랜 시간이 걸려야 겨우 세상에 나올 수 있지 않았을까 생각된다. 지면을 빌려 두 분께 진심으로 존경과 감사를 드린다.

《향수》라는 소설에 등장하는, '존재하는 것의 영혼은 향기이다'라는 이 강렬한 한 문장은 나로 하여금 세상 많은 매혹적인 향에 대한 호기심을 불러일으켰다. 마침내 《향의 과학》을 읽고 번역까지 마친 지금, 그 '향기'의 원천에 성큼 다가갈 수 있는 지도를 갖게 된 것 같은 기분이다. 독자들 역시 눈에 보이지 않되 반드시 그곳에 존재하는 '향의 세계'를 탐험할 수 있기를 바란다. 더불어 정서적·실용적·약리적으로 흥미진진하게 펼쳐질 그 탐험에 이 책 《향의 과학》이 믿을 만한 지도가 되어주기를 바란다.

2021년 7월, 비오는 날 더 진해지는 커피 향을 즐기며….
윤선해

1장

생활에
활력을 주는 향

일상 속의 여러 가지 향

우리는 생활 속에서 다양한 '냄새'를 접한다. 어떤 냄새는 전혀 의식하지 못하지만, 때로는 매우 강한 냄새로서 인식하기도 한다. 냄새를 크게 구분하자면, 우리를 기분 좋게 해주는 '향'과 불쾌감을 주는 '악취'가 있다. 이 책에서는 흔히 좋은 냄새라고 부르는 향에 대해 설명한다.

흔히 호텔이나 사무빌딩 그리고 백화점 등에 들어서면, 어디선가 좋은 향이 풍기곤 한다. 그런 건물에 들어서는 순간부터 우리는 편안하고 안정된 분위기를 느끼며 마음이 차분해진다. 건물 내 조명이나 음향 등도 사람들의 기분에 영향을 주지만, 향 역시 그런 요소들 못지않게 지대한 영향을 끼친다.

화학물질인 향은 일반적으로 향료라고 불린다. 그런 맥락에서 다시 한번 우리 주변을 둘러보면, 향료가 함유된 것들을 의외로 많이 사용한다는 사실을 실감할 수 있다. 좋은 향을 대표하는 향수나 오드콜로뉴, 오드뚜왈렛(방향성 화장품)은 물론이고, 화장품, 세안제, 입욕제 그리고 대부분의 세탁제에는 향료가 들어 있다. 향료를 첨가하지 않은 제품에는 오히려 '무향료'라는 표기가 붙을 정도다. 이들 제품을 구매할 때 사람들은 아마도 자신의 취향에 맞는 향을 의식적으로 선택할 것이다. 인공 향뿐만 아니라 자연적인 향을 즐기기 위해 우리는 화분이나 꽃을 사기도 한다. 또 과일을 먹을 때는 신선하고 풋풋한 향을 즐긴다. 다른 한편으로 건강에 해가 될 수 있는 썩은 것들의 냄새에는 후각이 민감하게 반응해서 의식적으로 멀어지도록 한다.

'냄새'는 코로 느낀다. 우리의 얼굴에는 2개의 눈, 2개의 귀, 2개의 비강 그리고 하나의 입이 있어서, 외부로부터 정보를 받아들이는 중요한 역할을 담당한다. 또 다른 외부의 정보는 전신의 피부로도 느낀다.

눈과 귀와 비강이 각각 2개인 이유는 시각, 청각 그리고 후각이 입체적이어야 할 필요성 때문이라는 설과 이들 감각을 느끼도록 하는 원인 및 (감각자 자신으로부터) 위치, 거리를 측정하기 위함이라는 의견이 있다. 인간은 시각이 매우 발달한 생명체다. 따라서 눈(시각)으로 위치를 측정하는 일에는 탁월하다. 반면 후각으로 위치를 파악하는 능력은 떨어진다. 이에 비해 개나 다른 동물들은 후각으로 위치를 판단하는 능력이 뛰어나다. 시각을 중심으로 하는 우리 인간의 생활 속에서, 후각에 의한 정보 수집의 중요도는 상대적으로 낮은 편이다.

눈으로 보는 미술과 문학 그리고 귀로 듣는 음악의 경우, 우리는 어릴 적부터 다양한 방법으로 접하고 교육을 받았다. 우리는 이들 감각에 관한 공동의 표현을 갖고 있으며, 학교에서는 독립된 과목으로 정해 모범적인 이해방법을 가르치고 있다. 어떤 의미에서 보면 강제 혹은 암묵적으로 학습이 진행되는 셈이다. 이들 시각과 청각은 모두 물리적인 자극에 의한 감각이다. 미각에 대한 사회적 관심 역시 매우 높은 편이다. 화식(일본 가정식)이 무형문화유산으로 지정되고, 특정 미각을 재현하는 레시피가 개발되어 일반 가정에도 보급되는 상황이 대표적인 사례다. 물론 미각에 대한 학교 교과목은 따로 없지만 개인적 경험을 통해 서로 이해 가능한 공통의 어휘가 널리 퍼지고, 사람들 사이에서 즐겨 공유되는 상황이다.

반면 후각에 대한 관심은 최근에 이르러 시작되고 구체화되었다. 후각의 기초를 배울 기회조차 주어지지 않아서, 사람들 간에 공통으로 이해할 수 있는 어휘가 거의 없다고 해도 과언이 아니다. 후각과 미각은 화학적 자극에 의한 감각이며, 상호 밀접하게 관련되어 있다. 따라서 후각의 경험은 음식의 냄새에서 시작된다고 여겨진다. 그러나 냄새를 묘사하거나 체계적인 지식으로서 가르치기는 쉽지 않다. 학교 교육에서 냄새를 다루는 사례 역시 드물다. 가정에서조차 냄새 정보의 전달은 어렵기 마찬가지고, 냄새를 표현하는 독립된 어휘도 많지 않다. 오히려 다른 감각을 표현할 때 사용하는 어휘를 끌어다 쓰기 일쑤다. 이처럼 많은 이들은 '냄새'라는 것에 대해서 체계적·과학적으로 배울 기회를 갖지 못했다.

그러나 향은 우리의 일상 도처에 존재한다. 게다가 감각의 중추인 뇌와 가장 가까운 곳에 위치한 후각신경은 매우 중대한 역할을 담당한다. 즉 '향'의 과학을 더 많이 배우고 제대로 이해할수록 후각을 바탕으로 한 우리의 삶은 한층 풍요로워진다.

향이 지닌 신비한 힘

시각과 청각이 둘 다 부자유로웠던 헬렌 켈러는 "냄새야말로 나를 수천 마일 떨어진 먼 곳으로 데려다주고, 지금까지 살아온 모든 세월을 뛰어넘어 시간여행을 하게 만드는 강력한 마법사"라고 말했다. 헬렌 켈러가 말한 냄새의 힘은 시각과 청각의 문제를 겪지 않는 사람들에게도 적용되는, 후각만의 특성이기도 하다.

후각의 특이성을 나타내는 표현 중에 '프루스트 효과'라는 말이 있다. 프랑스 소설가 마르셀 프루스트가 쓴, 프랑스어 원문으로 3,000쪽이 넘는 긴 소설 《잃어버린 시간을 찾아서》에는 주인공이 마들렌을 홍차에 적신 후 한입 베어 무는 순간, 그 '향'이 돌연 그를 유년시절로 이끄는 대목이 나온다. 가족과 함께 여름 바캉스를 즐기던 '콩브레'라는 시골 마을의 정경을 생생하게 회상하는 것이다. 이 장면에 근거해 '어느 특정 냄새가 그것과 관련된 기억이나 감정을 소환하는 현상'을 프루스트 효과라고 부른다.

기억의 '플래시백'이라는 말도 있다. 다시 말해 프루스트 효과
란 '향'이 방아쇠 역할을 하여 특정 순간의 기억에 강력하게 몰입
하게 만드는 현상, 즉 플래시백의 일종인 셈이다. 필자가 주위 사
람들에게 물어본 결과, 거의 모든 이가 유사한 경험을 한두 번은
한 듯했다. 뒤에서도 설명하겠지만, 후각은 전달경로가 다른 감
각과 다르다. '냄새'는 대뇌피질을 거치지 않고, 기억을 지배하는
해마 영역과 감정을 지배하는 편도체에 직접 전달되기 때문에 소
위 플래시백과 같은 현상을 일으킨다는 의견이 있다.

오스카 와일드의 대표적인 소설《도리안 그레이의 초상》첫머
리에 다음과 같은 대목이 나온다.

장미의 풍요로운 향기가 아틀리에 안을 가득 채우고, 여름의 미풍
이 정원의 나무들을 흔들고, 열려 있는 창으로는 멀리 떨어진 곳에
서부터 라일락의 묵직한 향과 핑크빛 꽃을 피운 산사나무의 섬세한
향이 함께 실려 온다.

꽃향기에 대한 묘사로 가득한 첫 문장은 장미와 라일락과 산
사나무 꽃이 가득한 계절, 나아가 그 향을 경험적으로 알고 있는
독자들에게 매우 강렬하고 신비로운 감각을 선물한다. 문장에 나
온 대로 계절은 여름이다. 그런데 장미의 경우 사계절 피어나기
도 한다. 라일락과 산사나무는 봄의 꽃이다. 늘 그렇듯 장미의

그림 1-1 영국 화가 존 윌리엄 워터하우스가 그린 '장미의 영혼'

향은 밝고 화사한 행복감을 전해준다. 문장의 오브제 간 계절 감각의 미묘한 불일치는 어쩌면 이들 꽃 향을 한 장면에서 느낄 수 있도록 와일드가 의도적으로 설정한 것일지 모른다.

필자가 좋아하는 화가인 존 윌리엄 워터하우스John William Waterhouse의 작품 중 '장미의 영혼'이라는 그림(그림 1-1)이 있다. 장미 애호가가 아니더라도 이 그림을 보면 정원에 퍼지는 장미의 향기를 느낄 수 있을 정도다. 나아가 장미 향에 취한 여성의 표정을 통해, 그 향의 질까지 상상할 수 있다.

만약 이 장미 대신 맑고 산뜻하고 달콤한 향을 지닌 라일락 꽃이 그려져 있었다면, 어딘지 모르게 천진난만하고 풋풋한 청춘의 느낌이 감돌았을 것이다. 한편 산사 꽃의 향은 달콤하고 강한데, 산사나무 꽃을 결코 집 안으로 들이지 않는 영국사람들은 《도리안 그레이의 초상》을 읽으면서 이 향에 대해 우리와는 전혀 다른 감정을 느꼈을지도 모른다. 산사나무 꽃 향에 함유된 트리에틸아민이라는 화합물은 죽은 물고기 냄새를 연상시키는 암모니아 향을 풍긴다. 그러니까 이 향이 육체의 붕괴 즉 죽음과 연관되므로, 죽음을 은유하기 위해 산사 꽃을 사용했다고 추정할 수도 있다. 와일드는 소설의 첫 문장 안에서, 세 가지 꽃의 향을 빌려 이야기의 주제를 암시한다고 필자는 생각하고 있다.

'헬리오트로프'(그림 1-2)는 가련할 정도로 옅은 보라색과 흰색 꽃을 여름부터 가을에 걸쳐 피운다. 아마도 필자(1940년대 후반 출생)보다 나이 많은 사람 중에는 헬리오트로프라는 이름을 듣기만 해도 달콤한 아몬드와 바닐라 향이 섞인 냄새를 연상하는 이가 적잖을 것이다. 이 헬리오트로프의 향을 사용한 향수가 일본에 맨 처음 수입된 향수라고 한다. 메이지 시대에 고급품으로 여겨지던 이 향수는 1950년대에 이르러 일반 서민들에게도 인기를 끌었다. 1950년에 키스미라는 회사가 저렴한 가격대의 헬리오트로프 향수를 판매했기(그림 1-3) 때문이다. '참을 수 없는 사랑의 달콤함'이라는 캐치프레이즈와 함께 새로운 제조법을 도입한 이 제품은 당시에 대히트했다. 필자의 모친도 독특한 모양의 유리병에

그림 1-2 흰색과 보라색으로 피어나는 헬리오트로프 꽃

그림 1-3 1950년대에 일본에서 발매된 헬리오트로프 향수병

동그란 금색 뚜껑이 있는 헬리오트로프를 사용하셨다. 학부모회나 학교 행사가 있을 때, 이 향수를 뿌리고 참석해서인지 필자는 헬리오트로프 향을 맡을 때마다 1950년대 유치원과 초등학교 시절을 회상하는 동시에 이미 돌아가신 모친의 따뜻한 손길을 느끼는 듯한 감정에 빠진다. '프루스트 효과'를 체험하는 것이다.

이 헬리오트로프 향이 등장하는 일본의 유명한 소설이 나쓰메 소세키의 《산시로》이다. 《산시로》에는 몇 개의 명장면이 있는데, 헬리오트로프 향이 등장하는 다음 대목도 그 중 하나다.

> 여자는 종이봉투를 품에 넣었다. 그 손을 아즈마코트(기관지 천식 치료용 흡입약제)에서 뺄 때, 하얀 손수건이 들려 있었다. 손수건을 코에 갖다 대면서 여자는 산시로를 바라보았다. 손수건의 냄새를 맡는 모습이기도 했다. 이윽고 그 손을 쭉 뻗었다. 손수건이 산시로의 얼굴 앞에 와 있었다. 진한 향이 퍼졌다.
> '헬리오트로프'라고 여자가 조용히 말했다. 산시로는 자신도 모르게 얼굴을 뒤로 뺐다. 헬리오트로프 병. 4번가의 석양. 길 잃은 양. 길 잃은 양. 하늘에는 높은 해가 환하게 걸려 있었다.

이야기가 중반을 넘어 산시로가 향수에 대해 상담하는 장면이 나오는데, 그는 '무의식적으로' 헬리오트로프를 선택한다. 아마도 그 헬리오트로프는 'heliotrope blanc'이라는 상품으로, 순백의

그림 1-4 소설 속에서 산시로가 선택했을지도 모르는 헬리오트로프 향수로, 지금도 판매되고 있다.

웨딩드레스를 입은 청초하고 소심한 신부를 연상시키는 향수였을 가능성이 높다. 산시로가 선택한 것과 같은 디자인인지는 알 수 없지만, 이 제품은 지금도 판매되고 있다(그림 1-4). 산시로가 '무의식적으로' 이 향수를 선택하도록 한 것은, 나쓰메 소세키가 깔아 놓은 복선이었는지 모른다. 매우 강한 향 때문에 자신도 모르게 얼굴을 뒤로 빼버리고 만 행동이 이후 두 사람의 관계를 암시하기 때문이다. 헬리오트로프 향을 아는 사람들은 이야기의 중반 이후부터 미네코가 등장할 때마다 헬리오트로프 향과 동시에 서로 어긋날 수밖에 없는 분위기까지 느낄 수 있으리라.

사람과 향의 5000년 역사

좋은 냄새인 '향'은, 동서고금을 막론하고 오래전부터 사용되었다. 향은 토기나 장신구 등 유물과 달리 물건으로서 전해질 수 없는 존재다. 따라서 얼마나 오랜 옛날부터 사용하기 시작했는지 정확히 알 수는 없다. 다만 유사有史 이전부터 좋은 향이 나는 식물의 꽃이나 수지를 사용해온 것으로 추정된다.

수메르 문명(기원전 3000년경)은 이미 '향'에 관한 기술을 남기고 있다. 지금까지도 자주 사용되는 향료 기술이 상형문자로 새겨져 있는 것이다. 이집트 문명 역시 기원전 3000년 이전부터 향료를 사용한 듯하다. 기원전 2500년경부터 시작된 미이라 제작에 '향'과 함께 방부 효과가 있는 각종 향료가 쓰였기 때문이다. 그밖에도 그리스, 인도, 중국의 고대문명에도 '향'에 관한 기술이 많이 남아 있다. 문명 간 교류나 상호 영향도 있었겠지만, 인종과 민족을 넘어 많은 향료가 인류 삶에 밀접하게 쓰였다는 사실을 여러 자료가 증명하고 있다.

일본에서도 유사 이전부터 '향'이 사용된 듯하다. 일본에서 가장 오래된 책인 《고사기》와 《일본서기》에는 비시향과時軸香菓라는 과일에 관한 기술이 있다. 비시향과는 현대의 밀감(귤)을 의미한다. 밀감의 잎은 상록으로, 항상 좋은 향이 나서 고대에 귀하게 다루었다고 한다. 그러므로 불교 전래기에 중국에서 향료가 들어오기 전까지 일본 내에서는 중요한 향으로 사용되었을 것이라 추정된다. 불교 전래와 함께 중국뿐만 아니라 다른 고대문명에서 이용하던 향료가 일본으로 전해졌다. 관련된 도구들도 함께 들어와서, 쇼소인正倉院(일본 나라현 나라시 도다이지東大寺의 대불전 북서쪽에 위치한 창고)에 지금도 보존되어 있다.

동서고금을 불문하고 향은 종교의식과 밀접하게 관련된 것 같다. 방취 및 방부 효과를 위해 미라 제작에 사용된 밀라Myrrh(몰약)처럼 실용적으로 쓰인 향료는 그리 많지 않지만, 오히려 향 자체가 인간의 정신생활과 밀접하게 연결되어 있다고 생각한다. 여러 종교의 사원, 교회 그리고 사찰에 가면 반드시 독특한 향기가 감돈다. 그것은 우리의 마음을 가라앉히며 신성한 기분에 젖게 만든다. 그런 향은 종교의 종류나 종파, 언어와 교리 등을 초월해 우리 마음에 모종의 영향을 끼친다.

5세기경 그리스에서는 향이 종교적 의식뿐만 아니라, 현대인들이 말하는 화장품 중 하나로 일반 시민들 사이에 퍼졌다고 한다. 그 후 서양에서는 향료가 문화 속에 비중 있게 자리잡았고, 특히 각 시대 왕족과 귀족들을 중심으로 귀하게 여겨지며 향료 기술이 발전을 해왔다.

이러한 향료의 역사에서 화학의 역할은 중요하다. 향료를 자유자재로 사용하기 위해서는 에틸알코올이 필수이고, 알코올 증류 기술이 향료를 산업화하는 데 커다란 역할을 해왔기 때문이다. 19세기로 접어들어 비약적으로 발전한 유기화학 덕분에, 이전까지 황후귀족 등 부유층에서만 사용하던 향수는 대중 속으로 널리 보급되었고 각종 향기 제품이 생활을 윤택하게 만들어주는 기호품으로까지 성장할 수 있었다. 다시 말해 '향'이 현대인의 일상 곳곳에서 귀중한 연출자 역할을 하며 다채로움을 발휘할 수 있는 건 전적으로 화학 덕분이다.

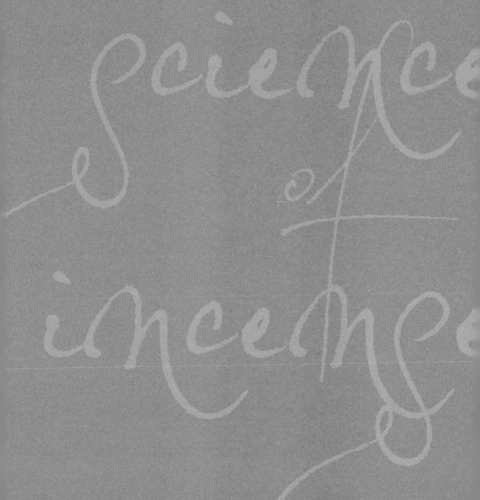

2장

자연계에서 얻을 수 있는
여러 가지 향

우리 삶에 있는 대다수 좋은 향은 자연계에서 얻을 수 있는 것들이다. 게다가 예나 지금이나 좋은 향의 대부분은 식물에 의존한다. 동물 유래의 '향'은 고작 네 종류에 불과하다. 이렇듯 자연계에 존재하는 향을 생화나 드라이플라워처럼 그 자체로 이용하기도 하지만, 널리 활용하기 위해서는 그 향을 추출해야만 한다.

식물에서 향을 얻는다

이번 장에서는 좋은 향을 내는 일상 식물 중 대표라 할 라벤더(그림 2-1)를 중심으로 이야기를 해보려 한다. 라벤더는 보라색 꽃뿐만 아니라 잎과 줄기에도 '향' 성분을 함유하고 있다. 식물과 동물에 함유된 성분은 크게 두 가지로 나눌 수 있다. 물에 녹는 성분과 물에 녹지 않는 성분이 그것이다. 물에 녹지 않는 성분 중 대다수는 기름에는 녹기 때문에, 이런 성분을 '기름에 녹는 성분'이라고 바꿔 말할 수도 있다. 향 성분의 많은 부분은 기름에 녹는 성분이다. 따라서 라벤더에서 향 성분을 추출할 때에는 기름에 녹는 성분이 중심이 된다. '기름에 녹는' 성분은 결코 '기름'은 아니지만, 일반적으로 '정유'라고 불린다. 영어로는 에센셜오일 essentiall oil, 여기서도 오일이라는 단어가 사용된다. 시판되는 라벤더 정유(라벤더유라고 불린다)는 연노란색 액체이다. 물 위에 떨어뜨리면 수면에 뜨며 흡사 기름방울처럼 보인다. 이후 설명에서는

그림 2-1 잉글리시 라벤더

좋은 향을 가진 정유를 편의상 아로마정유라고 부를 것이다.

　라벤더 등 식물에 함유된 향 성분을 추출하는 기술은 화학과 약학 세계에서는 매우 중요하다. 이제 그 기술 중 몇 가지를 소개하려 한다. 이 기술들은 화학 교과서에 나오는 법칙을 응용한 것이다.

술 제조에서 시작된 '수증기 증류법'

우선 증류라는 방법에 대해 말하자면, 복수의 액체상 화합물이 섞인 상태에서 순수한 화합물을 분리하는 방법이다. 증류법은 술, 특히 증류주 제조에서 시작되었다. 강한 술을 마시고 싶은 욕

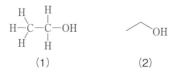

(1)   (2)

그림 2-2 에틸알코올 분자 내 원자를 모두 표시하여 화학구조를 그리면 (1)처럼 복잡해진다. 따라서 (2)처럼 간략하게 그리기도 한다. 이 표기에서는 선의 말단과 교점에 탄소원자(C)가 있다. 하이드록시기(-OH) 등 탄소원자 이외에 결합한 수소원자(H)만을 표시하여, 탄소원자에 결합한 모든 수소원자는 생략하여 표기한다.

망은 고대인들도 마찬가지여서 증류 방법을 고안해내기에 이르렀다. 강한 술이란 에틸알코올(그림 2-2) 함량이 높은 술이다. 따라서 증류는 에틸알코올 농도를 높이는 방법으로 이루어졌다. 이집트에서는 기원전 1300년보다도 훨씬 전에, 대추야자로 증류주를 만들어 마셨다는 기록이 남아 있다.

유럽에서도 오래전부터 증류가 행해졌다는 기록이 있다(그림 2-3). 현재 실험실에서 사용하는 간단한 증류 장치는 그림 2-4와 같은 것이다. 유리로 만든 플라스크에 과일이나 곡류를 발효시켜서 만든 액체, 즉 양조주를 넣는다. 양조주의 주요 성분은 물이며, 발효로 만들어진 에틸알코올, 그리고 과일과 곡물 성분도 함유되어 있다. 물론 향 성분도 포함돼 있다. 이 플라스크를 가열하면, 함유 성분이 기화한다. 기체는 장치 안에서 상승해 오른쪽에 있는 튜브 유리관(냉각관) 쪽으로 흘러가고, 여기에 있는 차가운 물을 만나 식으면서 다시 액체로 변한다. 모든 물질은 크게 세 가지의 상태를 가지는데, 분자 간 결합이 강한 순서로 고체, 액체,

그림 2-3 옛날 유럽에서의 증류하는 모습

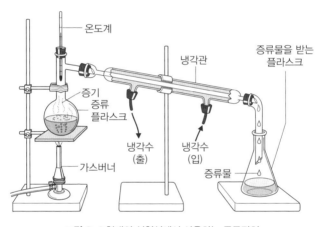

온도계

냉각관

증류물을 받는 플라스크

증기
증류
플라스크

냉각수
(출)

냉각수
(입)

가스버너

증류물

그림 2-4 현대의 실험실에서 사용하는 증류장치

기체로 나뉜다. 분자 간 결합이 약할수록 그 분자량이 줄어 지구 중력으로부터 자유로워질 수 있다. 이렇게 분자 간 결합을 낮출 수 있는 많은 방법 중 가장 일반적인 게 불로 가열해 온도를 높이는 것이다. 이렇게 액체가 기체가 되는 온도를 끓는점이라고 하

는데, 에틸알코올의 끓는점은 78.3℃로, 물의 끓는점인 100℃보다 낮다. 따라서 플라스크를 데우면 물보다 먼저 에틸알코올이 기화한다. 플라스크 상부에 부착된 온도계를 관찰해보면, 78.3도를 넘어설 즈음부터 기체로 변한 에틸알코올이 냉각관 안으로 흘러가는 모습이 보인다. 냉각관이 잘 식혀져 있으면, 이 기체는 즉시 응축된 액체 방울이 되어 오른쪽 아래 플라스크에 쌓인다. 이렇게 물의 끓는점 이하 온도에서 얻을 수 있는 액체 성분의 대부분은 에틸알코올이다. 이런 방법을 통해 처음 술의 에틸알코올보다 농도가 높은 술, 즉 증류주가 만들어지는 것이다.

이러한 작업을 증류라고 한다. 증류를 반복해 에틸알코올 농도를 높여서 독한 술을 만들어내는 것으로, 에틸알코올과 물의 혼합용액은 공비共沸(2개의 액체상 성분으로 이루어진 용액이 끓을 때 기체상과 액체상이 동일한 성분비가 되는 현상. '불변 끓음'이라고도 한다—옮긴이) 성질을 지니기 때문에 증류 수단으로 에틸알코올 농도를 96%보다 높일 수는 없다. 불변 끓음 혼합물이란 혼합물이되, 그 끓는점이 일정한 혼합물을 의미한다. 불변 끓음 혼합물이 생성되면 증류를 통해서는 혼합물을 완벽하게 분리해 낼 수 없다. 가령 물 4%, 에탄올 96%로 조성된 혼합물은 78.17℃에서 일정한 끓는점을 가지며, 이 상태에서 증류를 통해 더 이상의 물을 분리해 내는 것은 불가능하다. 양조주 원료 중에는 끓는점이 에틸알코올보다 낮은 화합물도 함유돼 있는데, (인간이 보유한 증류 기술의 한계로 인해) 그것들도 함께 증류돼 양조주의 향미를 풍부하게 해준다.

따라서 증류주라고 하더라도 결코 순수한 에틸알코올이 아니며, 원료에 무엇을 사용했는지에 따라 향미가 크게 달라진다.

라벤더 꽃과 잎처럼 액체가 아닌 원료에서 향기 성분을 추출할 경우, 통상의 증류 장치를 사용하면 어떻게 될까? 그림 2-4의 왼쪽 플라스크에 잎과 꽃을 넣어 가열한다. 꽃과 잎은 물을 함유하고 있지만, 많은 양이 아니다. 따라서 한참 가열하면 잎과 꽃이 타버리고 말 것이므로 일반 증류 장치를 그대로 사용할 수 없다. 이 문제를 해결한 것이 수증기증류라는 방법이다. 끓는점이 높은 물질의 경우, 끓는점까지 가열하면 분해되기 쉬워진다. 가령 물과 혼합되지 않는 물질을 물과 같이 가열하거나 수증기를 통해 가열하면, 끓는점이 100℃보다 훨씬 높은 물질이라도 수증기와 함께 기화해 증류할 수 있다. 이 방법을 수증기증류라고 한다.

유럽에서는 오래전부터 불로불사의 영약elixir을 찾아내기 위한 연금술사alchemist의 숱한 시도가 있었다. 이러한 연금술 중에는 여러 식물에서 약효가 있는 성분을 찾는 활동도 포함됐다. 마녀가 기이한 약초를 냄비에 넣고 부글부글 끓이는 장면을 영화나 책에서 본 적 있을 것이다. 연금술사들의 부단한 노력 속에서 우연히 발견된 사실이나 새로 개발된 도구가 적잖다. 나아가 연금술은 근대 과학을 태동시키는 가교 역할도 했다.

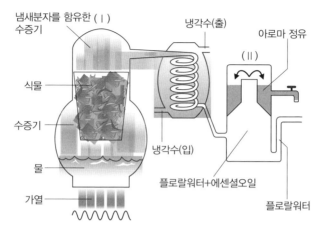

냄새분자를 함유한 (I)
수증기

냉각수(출)

아로마 정유

(II)

식물

수증기

물

냉각수(입)

가열

플로랄워터+에센셜오일

플로랄워터

그림 2-5 수증기증류 장치

연금술에서 과학으로 넘어가는 가교를 놓은 주인공 중 하나로 10~11세기 아라비아의 철학자이자 의학자인 아비센나(이븐 시나 또는 푸르시나라고도 불리는 중세 이슬람의 철학자이자 의학자. 그리스와 아라비아 철학 및 의학을 집대성했으며, 후대 학자들에게 심대한 영향을 끼쳤다)를 꼽을 수 있다. 이 아비센나가 수증기증류법을 확립한 것으로 알려져 있다. 아비센나가 수증기증류를 이용해 장미꽃에서 장미 향 성분인 아로마정유를 추출했다는 설이 있다. 이 고증이 어느 정도 정확한지는 알 수 없지만 적어도 중세 시대에 수증기증류법이 사용되었다는 점은 분명한 듯하다.

수증기증류란 무엇일까? 그림 2-5는 수증기증류 장치의 실제를 잘 보여준다. 기본적인 원리는 증류와 다르지 않다. 크게 다른 부분은 시료를 넣는 용기(I)이다. 용기의 바닥에는 물이 들어있다. 그리고 위쪽에 라벤더의 꽃과 잎 그리고 줄기 부분을 넣은 다른 용기(통)가 있다. 이 통 안에 든 시료는 물에 닿지 않는다. 다른 부분은 일반 증류 장치와 같다. 용기(I)를 가열하면 물이 끓고 수증기가 발생한다. 약 100℃의 수증기에 의해 라벤더는 쪄지고, 라벤더가 함유했던 향기 성분분자는 기화한다. 나중에 다시 이야기하겠지만, 라벤더에 함유된 주요 향기 성분분자 중 초산 리나릴($C_{12}H_{20}O_2$)이 있다(그림 2-6). 바로 이 초산 리나릴 분자가 증류를 통해 라벤더 식물체에서 기화된다. 기화한 초산 리나릴은 냉각관에서 냉각돼 다시 액체로 변하고, 용기(II) 안에 쌓인다. 게다가 라벤더는 초산 리나릴 외에도 다른 여러 분자를 함유하고 있다. 따라서 실제로는 초산 리나릴뿐만 아니라 갖가지 분자가 증류를 통해 용기(II) 안에 액체로 쌓이는 셈이다. 수증기증류 조건으로 얻을 수 있는 모든 분자, 즉 냄새가 없는 분자도 증류되기 때문에, 용기(II)에는 그런 분자들도 모이게 된다. 식물이 함유한 향기 성분 중에는 열에 약한 분자도 있다. 수증기증류는 절대로 100℃를 넘지 않는다. 즉 열에 약한 냄새 분자를 파괴하지 않으면서 추출할 때 수증기증류가 유리하다.

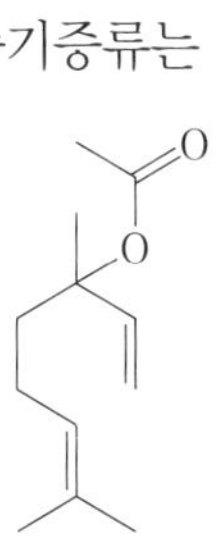

앞서 말한 초산 리나릴은 에틸알코올과 비교하면 분자량이 크다. 분자

그림 2-6 초산 리나릴 분자구조

는 복수의 원자로 구성되며, 각 원자는 무게(원자량)를 가지고 있다. 산소(O) 및 수소(H) 원자의 원자량은 각각 16과 1이다. 따라서 물 분자(H₂O)의 분자량(무게)은 18이 된다.

일반적으로 분자량이 클수록 무거워지므로 기화하기도 어렵다. 즉, 끓는점이 높아진다. 실제로 초산 리나릴 분자량은 196으로 끓는점이 220℃인데 반해 분자량이 46인 에틸알코올의 끓는점은 78.3℃이다. 물의 끓는점은 100℃이다. 그런데 어떻게 수증기증류를 통해 초산 리나릴을 분리할 수 있는 걸까? 여기에 수증기증류를 사용하는 가장 큰 이점이 있다.

고등학교 화학에서 배우는 내용 중에 돌턴의 법칙이라는 게 있다. 서로 결합하지 않는 A와 B 기체가 혼합될 경우, 각 기체는 독립적으로 돌아다니려는 성질을 띠게 된다. 화학반응하지 않는 알곤 분자와 질소 분자가 좋은 예다.

A의 기체 압력이 PA이고, B의 기체압력이 PB이며, 둘을 혼합한 기체의 압력을 P=PA+PB라고 표시한다. 또한 혼합한 기체 안각 기체의 압력을 부분압력이라고 한다. 돌턴의 법칙을 간단하게 설명하자면, '혼합기체의 전체 압력은 각 성분의 부분압력을 더한 값과 같다.'이다. 이 법칙이 성립하는 중요한 조건은, 두 가지 기체분자가 혼합하더라도 서로 독립적인 분자처럼 돌아다녀야 한다. 냄새 분자의 대부분은 물에 녹지 않는(기름 같은) 성질을 지닌다. 따라서 기체가 된 냄새 분자와 물 분자는 서로 섞이지 않

는다. 돌턴의 법칙이 성립하는 것이다. 물에 잘 녹지 않는 분자를 소수성疎水性 분자라고 한다.

라벤더에 함유된 냄새 성분은 식물체 안에서는 액체로 존재한다. 여기에 고온의 수증기(라고 해도 100℃ 이하)를 가하면, 성분이 기화해 용기(I) 안에 휘발된다. 기체가 된다는 것은 어떤 의미일까? 그림 2-5의 장치는 완전하게 밀폐되지 않았기 때문에 용기(I) 안의 압력은 대기압(760mmHg)보다 커지지 않는다. 쉽게 설명하기 위해 라벤더에는 물과 초산 리나릴만 함유되어 있다고 가정해보자. 이 경우, A는 물이고 B는 초산 리나릴이 된다. 혼합용액을 가열하다 보면 이 분자가 나타내는 부분압력의 합 PA+PB가 대기압이 될 때, 물과 초산 리나릴은 동시에 끓어 기화한다.

어떤 액체든 어느 수준까지는 기체로 변한다. 그 정도를 증기압이라고 한다. 당연하지만 증기압은 온도에 의해 바뀐다. 온도가 높을수록 증기압도 높아지는 것이다. 100℃에서 물 분자의 증기압은 760mmHg(대기압)이지만, 0℃에서도 4.58mmHg의 증기압을 나타낸다. 심지어 영하 5℃에서도 3.04mmHg의 증기압을 지닌다.

초산 리나릴도 마찬가지다. 25℃에서 증기압 0.1mmHg이던 초산 리나릴은 온도가 99.6℃로 올라가면 12mmHg로 높아진다. 99.6℃에서 물의 증기압이 748mmHg이니, 둘의 부분압력을 더하면 대기압 760mmHg이 되는 것이다. 이 상태에서는 물은 물론 많은 양의 초산 리나릴도 기체가 된다. 즉 물이 존재하지 않는 상태에서는 220℃ 이하에서 기화하지 않는 초산 리나릴을 수증기 증류를 통해 물의 끓는점보다도 낮은 99.6℃에서 충분히 증발시킬 수 있게 된다.

이렇게 수증기증류를 활용하면, 끓는점 300℃까지의 분자를 100℃ 이하 온도에서 기체로 만들 수 있다. 100℃ 이하로만 가열하면 되니까 간편하고, 에너지를 절약할 수도 있다. 혼합 증기 중의 향 성분 중량비는 각 성분의 분압과 분자량과의 누적비도 된다. 초산 리나릴 분자량은 196.29이므로 물과 초산 리나릴의 중량비는 18.02×748:196.29×12=5.72:1, 약 15%가 된다. 하지만 현실적으로는 물에 녹은 초산 리나릴의 양과 증기가 반드시 일치하는 것은 아니기 때문에 실제로 얻을 수 있는 양은 더 적어진다.

수증기증류는 비교적 손쉽게 식물체에서 향 성분을 추출하는 방법으로, 지금도 널리 사용된다. 약 90%의 식물 유래 향기 성분이 수증기증류로 추출되고 있다. 공장 규모에서 라벤더 향 성분을 추출하는 장치(그림 2-7) 역시 원리는 앞서 설명한 것과 같다.

식물에 함유된 주요 향기 성분은 물에 녹지 않지만, 더러 물에 녹는 성분이 존재한다. 또 소수성 분자 역시 극소량이 물에 녹아서, 그림 2-5의 용기(II)에 담기는 수용액에는 향기 성분이 함유된다. 플로랄워터(최근에는 '하이드로솔'이라고도 한다)라고 불리는 이 성분은 매우 유용하게 활용된다. 대표적인 것이 화장수뿐만

그림 2-7 공업규모로 식물유래 아로마정유를 추출하는 장치 (사진제공: 팜 토미타)

아니라 방향수와 약재로도 쓰이는 로즈워터이다. 옅은(품위 있는)
장미 향을 지녀서 장미 향수보다 오히려 이쪽을 선호하는 사람도
적지 않은 듯하다.

열에 약한 향을 지키는 '추출법'

수증기증류는 매우 유용한 방법이지만 100℃까지 가열해야만 한다. 향기 성분 중에는 열에 약한 것들이 있어서, 온도가 높아지면 분해되기도 한다. 또 성분끼리 화학반응(중합 등)을 일으키기도 한다. 이런 경우 수증기증류 외에 다른 방법이 필요하다. 추출법이다. 다양한 매체(용매)에 향기 성분을 녹여내는 것이다. 추출법은 사용하는 매체에 따라 크게 두 종류로 나뉜다.

① 유기용매를 사용하는 방법

현시점에서 가장 중요한 추출법이다. 인삼 등의 약용식물을 알코올에 담가 에틸알코올에 녹아나는 약용성분을 마시는 방법은 널리 알려져 있다. 이 경우 오랜 시간 담가서 서서히 우러나오기를 기다린다. 식물체는 일반적으로 수분함량이 높다. 따라서 에틸알코올을 통한 추출은 신속하게 이루어지지 않는다. 반면 향기 성분은 재빨리 뽑아내지 않으면 변질되어 버리기 쉽다. 용매추출에 에틸알코올을 사용하지 않는 건 그 때문이다.

　단 바닐라빈에서 바닐라 향기 성분을 추출할 때에는 예외적으로 에틸알코올이 사용된다.

　가장 많이 사용되는 유기용매는 석유에테르, 아세톤, 헥세인 그리고 초산에틸이다. 이들의 혼합 용매를 사용하는 일도 많다.

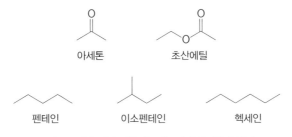

아세톤   초산에틸

펜테인   이소펜테인   헥세인

그림 2-8 추출법에 사용되는 대표적인 유기용매 분자

석유에테르는 문자 그대로 석유에서 추출된, 낮은 끓는점을 지닌 분자(60℃ 이하에서 기화)의 혼합물이다. 에테르라는 이름이 붙어 있지만, 에테르 성분은 없다. 주성분은 펜테인pentane이며, 그 외에 이소펜테인isopentane과 헥세인 등도 함유되어 있다. 석유에테르나 헥세인은 탄소 원자와 수소 원자만으로 구성된 탄화수소이다(그림 2-8). 이러한 원소 조성 분자는 물에 거의 녹지 않는 소수성이다. 반면 아세톤과 초산에틸은 산소 원자까지 포함하기 때문에 물에도, 헥세인 등 소수적인 용매에도 녹는다. 이러한 성질을 지닌 분자를 '양친매성amphipathic'이라고 한다.

조금 오래된 책에는 용매추출에 벤젠을 활용한다고 쓰여 있지만, 벤젠은 발암성이 있어서 현재 엄격하게 사용을 제한하고 향기 성분 추출에도 사용하지 않는다.

식물을 건조한 후 분쇄해 유기용매에 담그면, 유기용매에 향기 성분이 녹아난다. 추출해야 할 성분에 맞춰 용매를 바꾸는 식으로 추출 효율을 높일 수도 있다. 실험실에서 용매추출을 할 때는 지방추출에 주로 쓰이는 속슬렛추출Soxhlet's extractor 장치(그림 2-9)를 사용한다. 공업적으로 사용하는 것도 기본원리는 같다. 가장 아래에 있는 플라스크에 용매를 넣어, 이 플라스크를 가열한다. 자주 쓰이는 용매는 모두 가연성이기 때문에 가스버너 등 직화는 사용할 수 없다. 대신 전기로 가열하는 '맨틀 히터'를 사용한다. 분쇄한 식물체를 그 위 유리관에 넣는다. 맨틀 히터로 가열된 용매 증기는 우측 관을 통해 위로 상승한다. 상부에 냉각관이 있어서 증기는 액체가 된 후 식물체가 있는 곳에 머무르고, 식물체에 함유된 향기 성분은 용매 안에 녹아난다. 향기 성분이 녹아든 용매의 양이 증가하면서 왼쪽 사이폰 관을 타고 올라간다. 어느 정도 높이에 도달하면, 향기 성분이 녹아난 용매는 아래 플라스크에 떨어진다. 그리고 다시 플라스크에서 용매는 증발한다. 이 조작을 일정 시간 지속하면 아래 플라스크 안의 향기 성분 농도는 점차 높아진다. 농도가 더 이상 높아지지 않는 시점에(포화될 때) 추출은 종료된다.

이 방법은 식물체뿐만 아니라 다른 여러 물체에 적용할 수 있다. 지금까지 자연계에 존재하는 많은 성분이 이 방법으로 추출된 후 의약품 발견 등에 쓰였다. 통상적으로 유기용매에 녹아난 향기 성분을 향수 등에 사용하기 위해 플라스크 안의 유기용매를 완전히 증발시킨다. 이 조작을 건고乾固라고 한다. 건고를 마친 농축액은 왁스 상태의 고체 혹은 점도가 높은 물질이 된다. 전자

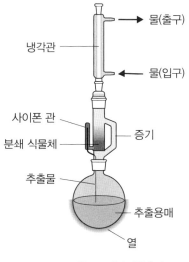

그림 2-9 속슬렛추출기

를 콘크리트concrete, 후자를 레지노이드resinoid라고 부른다.

또 콘크리트를 에틸알코올에 재용해한 것을 앱솔루트absolute라고 한다. 장미의 향에서 용매추출법으로 뽑아낸 로즈 앱솔루트는 아름답고 투명한 붉은 빛을 띠며, 농후한 단향을 지닌다. 한편 수증기증류를 통해 장미꽃에서 얻은 향 성분을 '로즈 오트'라고 부르는데, 무색인 로즈 오트의 향은 우아하고 산뜻하다. 수증기 증류로 추출할 때는 앱솔루트보다 훨씬 많은 양의 꽃잎을 사용한다. 따라서 매우 높은 가격을 받는다. 용매를 사용하지 않기 때문에 끈적거리지 않고 피부에 자극이 거의 없으며, 산뜻하고 우아한 향이 난다.

② 초임계유체를 사용하는 방법

유기용매를 사용할 때도 용매를 기화시키기 위해 어느 정도 가열을 해야만 한다. 이렇게 열에 의해 성질이 변화하는 것을 막기 위한 것이 초임계유체 추출법이다.

중학교 교과과정에서는 물질의 세 가지 상태(3상)를 배운다. 모든 물질은 기체, 액체, 고체 상태로 존재한다. 물질의 3상을 결정하는 것은 온도와 압력이다. 지구온난화의 원흉으로 미움받는 이산화탄소는 온대 기후에서는 기체로 존재한다. 이를 가져다가 케이크 상자에 넣는 드라이아이스로 만들면 고체가 된다. 고체 이산화탄소는 상온과 상압에서는 불안정해지며 주변으로부터 에너지(열)를 빼앗아 점점 기체로 변한다. 우리가 일상생활에서 액체 형태의 이산화탄소를 볼 일은 거의 없다.

그림 2-10에 이산화탄소 3상을 표시했다. 가로축이 온도, 세로축이 압력을 나타낸다. 이산화탄소는 1기압에서는 상온 범위에서 기체이다. 그러다가 온도 31도, 압력 72.9기압을 넘어 우측 상단(온도가 높고, 압력이 높은 상태)으로 가면 기체도 액체도 아닌, 양쪽의 성질을 다 가진 상태가 된다. 이 경계를 임계점, 임계점을 지난 우측 상단 영역을 초임계 상태라고 한다. 원자로 이야기를 할 때 종종 임계 상태라는 단어를 사용하는데, 여기서 말하는 임계 상태와는 전혀 의미가 다르다. 초임계 상태에서 액체도 기체도 아닌 특수한 형태가 되는 물질을 바로 초임계유체超臨界流體.

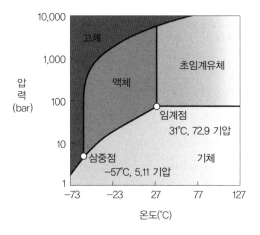

그림 2-10 이산화탄소 3상

super critical fluid라고 부른다.

초임계유체 이산화탄소의 중요한 성질 중 하나가 물질을 매우 잘 녹인다는 점이다. 초임계유체 안에서는 이산화탄소 분자 간 거리가 멀어지고, 그 사이로 다른 분자를 품을 수 있게 되는 것이다. 이렇게 다른 물질을 용해시킨 상태에서 온도와 압력을 낮추면 이산화탄소는 다시 기체로 변한다. 따라서 용매추출의 경우와 달리 용매가 남는 일은 없다.

용매추출을 할 경우, 유기용매가 대기 중으로 새어버릴 수도 있다. 그게 이산화탄소라면 위험성은 거의 없다. 기화한 이산화탄소는 회수한 후 다음 추출에 사용할 수도 있으므로 지구온난화에 악영향을 주지 않는다. 게다가 저온 처리가 가능하므로 식

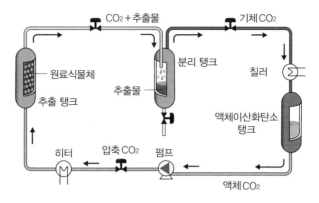

그림 2-11 이산화탄소를 이용한 초임계유체 추출 모식

물체가 함유한 향기 성분의 대부분을 파괴하지 않고 추출할 수 있다. 추출 중 산소와 접촉하는 일도 거의 없어서, 산화하기 쉬운 성분까지 온전하게 추출할 수 있다는 장점을 지닌다. 분자량이 큰 향기 성분이나 수용성 성분은 수증기증류로 분리하기 어렵지만, 이산화탄소를 사용하면 얼마든지 추출이 가능하다. 이미 설명했듯 같은 식물체에서 얻은 것일지라도 방법에 따라 향기 성분이 조금씩 달라지므로 향의 성격 역시 바뀐다.

초임계유체 추출법은 여러 면에서 뛰어난 방법이다. 다만 냉각과 가압을 거쳐야 하므로 장치가 크고, 제품 가격 역시 비싸서 진입장벽이 높은 편이다. 초임계유체에는 이산화탄소 외에 프로판과 부탄 등의 분자도 이용된다.

이산화탄소를 이용한 장치의 개념도를 그림 2-11에 나타냈다.

그림 2-12 간단한 압착기

왼쪽 추출 탱크에 원료 식물체를 넣는다. 오른쪽에 있는 액체이 산화탄소를 가열하고 가압해 추출 탱크로 보낸다. 초임계유체가 된 이산화탄소는 식물 성분을 용해하고, 그 이산화탄소 용액은 분리 탱크로 이동한다. 분리 탱크에서 이산화탄소는 기화해 회수 된 후 다시 액화해 재이용된다. 추출된 성분은 분리 탱크 바닥에 모인다.

　향 성분을 파괴하지 않는 이산화탄소 추출은 맥주의 주원료인 홉 엑기스 추출과 커피의 카페인 성분 제거에도 사용되고 있다.

가장 원초적인 '압착법'

향기 성분을 추출하는 가장 원초적이고 단순한 방법은 압착이다. 오렌지 껍질을 짜면 오렌지 향이 강한 오일 상태의 액체를 얻을 수 있다. 실제로 감귤계 식물의 향기 성분은 이렇게 해서 얻는다. 그림 2-12는 가정에서 오렌지 등의 과즙을 짤 때 사용하는 압착기를 나타낸 것인데, 공업용 장치도 원리는 거의 똑같다.

지금까지 설명한 방법 외에 유지에 흡착시키는 방법도 있지만, 현재는 거의 사용되지 않는다. 현재 가장 널리 쓰이는 방법은 역시 수증기증류이다.

부위에 따라 향도 다르다

많은 식물에서 천연향료를 얻을 수 있지만, 향기 성분을 추출하는 부위는 식물에 따라 다르다(표2-1). 동일한 식물의 다른 부위에서 성질이 다른 성분을 추출하기도 한다. 가령 비터오렌지(쓴귤나무)의 꽃에서는 네롤리와 오렌지 플라워, 잎에서는 프티그레인, 그리고 과피에서는 비터오렌지라는 이름의 아로마정유를 얻는다. 과일로서 비터오렌지는 너무 쓰고 시큼해서 먹기가 어렵다. 우리가 아는 광귤daidai이 여기에 속한다. 꽃에 함유된 네롤리

표 2-1 향기 성분을 추출하는 식물의 부위

부위	식물
꽃	장미, 재스민, 일랑일랑
열매, 과일	오렌지, 레몬, 베르가모트
콩	바닐라, 통카 빈(쿠마루)
전초	라벤더, 제라늄, 페퍼민트, 세이지, 타임(thyme)
잎	유칼립투스, 파촐리, 시트로넬라
종자	셀러리, 아니스, 대추
뿌리	베티버(쿠스쿠스), 안젤리카
뿌리줄기	오리스, 생강
나무줄기	샌들우드, 향나무, 캠퍼
나무껍질	시나몬
수지	벤조인(안식향), 페루 발삼, 갈바넘, 몰약, 올리바넘

그림 2-13 오렌지의 꽃
(사진제공: veoapartment.com)

는 수증기증류로, 오렌지 플라워(앱솔루트)는 용매추출로 뽑아낸다. 반면 과피의 비터오렌지 아로마정유는 압착법으로 추출한다. 오렌지 플라워는 끈적끈적한 갈색 액체로, 매우 농후하고 지속성이 강한 오렌지 꽃 향을 발산한다. 무색에 가깝고 끈적거림도 없는 액체인 네롤리 역시 오렌지 꽃 향이 난다. 네롤리는 최초의 오데코롱에 사용된 꽃 유래 향기 성분(식물 아로마정유)이다. 비터오렌지는 오렌지 마멀레이드처럼 농후한 단향에다 오렌지 특유의 쓴맛이 감돈다.

재미있게도 오렌지 과일은 말 그대로 오렌지 색인 반면 꽃은 순흰색이다(그림 2-13). 색깔이 다른 만큼 오렌지 꽃과 과일의 향은 각기 매우 다른 인상을 준다.

동물에서 얻는 귀중한 향

향료 채취가 가능한 식물 부위에 대해서는 어느 정도 상상할 수 있다. 반면 동물 유래 향료원에 관해서는 그리 익숙하지 않다. 사실 향료를 얻을 수 있는 동물은 네 종류밖에 없다. 향유고래와 사향노루, 비버 그리고 사향고양이(영묘)이다.

향유고래에서는 용연향ambergris(그림 2-14)을 얻을 수 있다. 이는 향유고래의 장내 결석으로, 소화되지 않은 내용물이 뭉쳐져 생성된다. 이 결석이 고래 체내에서 배출된 후 오랜 시간 바다를 떠돌면서 특유의 향을 얻게 된다. 주로 해안가에서 우연히 발견되는데, 그 빈도가 매우 낮아서 희소가치도 높다. 과거에는 고래의 체내에서도 채취했지만, 상업포경이 금지된 지금은 우연히 발견하는 것 외에 다른 도리가 없다. 용연향은 오래전부터 매우 값비싼 향료로써 귀중하게 여겨졌다. 해안에서 우연히 발견한 가벼

그림 2-14 용연향 (사진제공: Ambergn's NZ Ltd)

그림 2-15 사향노루 (사진제공: alamy/PPS)

운 돌이 용연향으로 밝혀져, 큰돈을 벌게 된 사람의 이야기를 다룬 뉴스를 지금도 종종 볼 수 있다. 그 향을 표현하자면 '바다와 동물 냄새를 품은 단향'이라고 말할 수 있다.

일본 최대 향료제조사인 다카사고 향료공업의 다카사고 컬렉션 갤러리에는 훌륭한 용연향이 전시되어 있다. 희망자는 직접 향을 맡아볼 수도 있다. 용연향은 에틸알코올로 추출한다. 이 알코올 추출액을 특별히 팅크처tincture라고 부른다. 덧붙이자면 과거 상처 난 곳에 단골로 바르던 약을 '요오드팅크'라고 불렀는데, 사실 이 약품은 수용액이므로 팅크처가 아니다. 용연향은 그 자체로 좋은 냄새가 나는 건 아니다. 대신 다른 향을 지속시키는 보향효과가 커서, 과거 고급 향수에 주로 이용되었다.

수컷 사향노루(그림 2-15)의 복부에는 향낭(사향샘)이라고 불리는 분비샘이 있는데, 그곳에서 생기는 분비액을 건조해 에틸알코올에 추출한 것이 사향이다. 본래 개체수가 적은 사향노루를 마구 포획하는 바람에 멸종 위기에 처한 상황이라, 지금은 천연 사향노루 유래 사향을 입수하기가 매우 어렵다. 사향은 흔히 '달고, 파우더 향이 난다'고 표현된다. 사향은 보향제로서도 탁월해서 과거 고급 향수에 많이 쓰였다. 최근에는 영문 이름을 따서 이 향을 '머스크musk향'이라고 흔히 표현하는 듯하다.

비버는 암수 모두 항문 안에 향낭을 지니고 있는데, 그곳에서 강한 냄새(향이라고 하기 좀 곤란한)를 지닌 황갈색 크림 상태의 분비물을 내보낸다. 이를 건조해 분말로 만든 것이 비버 유래 해리향(카스토레움castoreum)이다. 비버가 해리향을 분비하는 건 영역을 표시하기 위해서다. 해리향 성분 역시 에틸알코올에 용해해 추출한 후 앱솔루트를 사용한다. 약효가 확인된 건 아니지만 오래전 유럽에서는 두통, 발열, 히스테리 등의 치료 약으로도 사용했다. 해리향은 기본적으로 가죽 냄새와 유사하며, 산지에 따라 나무향이 나는 경우도 있다고 한다. 그런데 앱솔루트를 알코올로 희석하면, 사향처럼 프루티한 향으로 확 바뀐다. 더불어 바닐라 향이 감돌면서 라즈베리나 스트로베리 향을 도드라지게 해주기도 한다. 따라서 과거에는 과자 등 식품에도 첨가했다. 물론 향수로도 사용되었다(대표적으로 샤넬의 안테우스Antaeus가 있다).

비버 역시 남획으로 말미암아 멸종 위기에 처했다. 고작 향낭을 얻기 위해 이 귀여운 동물을 죽이는 것은 향수가 지닌 아름답고 우아한 이미지와는 너무나 동떨어진 행위이다. 다행히 지금은 화학적 합성만으로 카스토레움 상분을 얻는 기술이 개발되었다.

마지막으로 사향고양이이다. 고양이라는 이름이 붙지만 고양이과 동물이 아니고, 사향고양이과에 속한다. 사향고양이의 생식기 주변에 있는 향낭(회음선)에서 황백색 페이스트 상태의 분비물이 나온다. 향료로 이용할 경우, 에틸알코올에 용해한 팅크처로서 사용한다. 시벳(사향고양이)이라고도 불리는 이 향료는 농도가 높고 자극적인 악취가 나지만, 희석하면 좋은 향으로 변화한다. 다른 동물 유래 향료처럼 시벳도 보향제로서 인기가 높다. 특히 꽃 향의 폭을 넓히고 따뜻함을 더해 향기의 특성을 부각시키는 효과가 있다. 향수 안에 소량만 넣어도 그 효과가 크다.

시벳 역시 동물 보호 차원에서 화학적으로 합성한 성분들로 대체되었다. 앞으로 여러 차례 이야기하겠지만, 향수의 대명사 중 하나인 '샤넬 넘버 5'에 이 시벳이 사용된다. 장미, 은방울꽃, 재스민 그리고 아이리스 등 꽃 향에 중후함을 더하는 요소로서도 매우 중요한 역할을 한다.

3장

향을 느끼게 되는
메커니즘

우리는 보통 오감(시각, 청각, 미각, 후각 그리고 촉각)으로 주위를 인식하고 행동한다. 이 중 미각과 후각을 화학감각chemical sense이라고 한다. 화학물질의 종류와 농도에 의해 감각이 결정되기 때문이다. 우리 인간은 주로 시각과 청각에 의지해 주위 환경 변화를 관찰하고 인지한다. 따라서 우리를 둘러싼 '화학적 환경'이라는 말이 언뜻 기이하게 여겨질지도 모른다. 물속에 사는 원시 생물에게 수중의 화학적 환경은 생명활동을 유지하는 데 있어 매우 중요하다. 따라서 화학물질을 인식하는 것은 가장 원시적인 메커니즘이라고 한다. 영장류는 포유류 중 유일하게 색각을 가진다. 이 뛰어난 감각을 획득한 덕에 인간은 화학감각에 의지할 필요가 없어지고, 진화 과정에서도 후각이 더이상 생존을 결정하는 중요한 감각이 아니게 되었다.

후각의 중요성이 부각되지 못한 만큼 후각에 관한 연구는 다른 연구에 비해 크게 뒤처졌고, 20세기 종반에 이르러 겨우 현대적인 관점에서 연구가 진행되기 시작했다. 이번 장에서는 현재까지 밝혀진 후각 인식 메커니즘에 관해 간단하게 설명하려 한다, 다소 어려운 내용이 나오더라도 이 메커니즘을 이해해 두면, 앞으로 일상생활에서 향을 적절히 활용하는 데 여러모로 큰 도움이 될 것이다.

세포에 심긴 냄새 센서

우리 몸은 여러 세포(그림 3-1)가 모여 만들어졌다. 냄새를 느끼는 것도 세포다. 세포는 생명활동에 필요한 화학반응을 능률적으로 일으키기 위해 외부세계(물)와 차단된 작은 공간을 내부에 만든다. 세포의 화학반응에는 물이 반드시 필요하다. 따라서 이 작은 공간(세포질)은 물로 채워져 있다. 세포질을 외부세계와 분리해주는 세포막은 크게 구분하면 3층 구조로 이루어져 있다. 세포 안과 세포 밖은 물에 녹기 쉬운(친수성) 분자구조를 지닌 데 반해 막의 한가운데는 물에 녹지 않는(친유성 또는 소수성) 분자구조로 이뤄져 있다. 이렇게 구성된 각각의 세포들은 우리 몸속에서 서로 밀접하게 연결될 필요가 있다. 복잡한 신체 역할을 능률적으로 수행하기 위해 각 세포가 역할을 분담하고 있기 때문이다. 즉 우리 신체 속에는 역할분담에 적합하도록 분화된 복수의 세포가 있다.

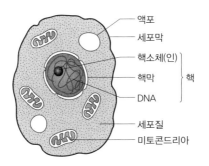

그림 3-1 동물세포막 모형도

가령 혈액 속에는 백혈구, 적혈구, 혈소판 등 서로 다른 세포가 있어서 각각의 역할을 담당한다. 이 복수의 세포가 능률적이고 정확하게 각자의 역할을 해내기 위해 많은 신호를 질서정연하게 흘려보낸다. 이 신호의 대부분은 화학물질(분자)이며, 신호를 선택하는 분자를 가리켜 화학전달물질이라고 한다. 신호는 세포의 내부에까지 전달되어야 한다.

그러나 세포가 그림 3-1처럼 막으로부터 분리되어 있으면 화학전달물질은 막을 통과할 수 없다. 이 문제를 해결하는 것이 수용기 또는 리셉터receptor라 불리는 단백질이다. 그림 3-2에서 나타낸 것처럼 세포막 안에 자리잡은 수용체는 막 외부를 향한 쪽과 내부를 향한 쪽을 가지고 있다. 이런 구조에서 화학전달물질은 막 외부와 결합해 정보를 막 안쪽 세포질까지 능률적으로 전달하는 게 가능하다. 세포 간 정보 통신은 생명활동을 실질적으로 좌우하는 매우 중요한 기능이다. 이를 담당하는 수용체의 중

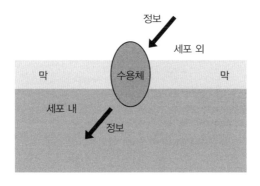

그림 3-2 수용체를 통한 정보의 흐름

요성 역시 두말할 필요조차 없다.

냄새 분자를 느끼고 그 정보를 세포 안에 전달하는 것이 후각 수용체이다. 후각수용체에 냄새 분자가 결합함으로써 비로소 향을 느끼고 인식하는 일련의 활동이 시작된다. 후각수용체는 G단백질 결합 수용체(G-protein coupled receptor, GPCR)라는 다소 어려운 이름으로 불리는 단백질이다. GPCR은 많은 약의 역할에 관계하는 아주 중요한 그룹의 수용체로 분류된다. 이 수용체가 제 역할을 하기 위해서는 G단백질이라고 불리는 분자가 필요하다. 그림 3-3A처럼 G단백질은 α, β, 그리고 γ라는 소단위체로 이뤄져 있다. 신호가 들어오지 않을 때 이 3개의 소단위체는 한 뭉치가 되어 있고, 세포질 측에 있는 소단위체에는 GDP(구아노신 이인산)라는 작은 분자가 결합되어 있다. 수용체의 바깥쪽에 신호를 전달하는 분자(지금의 경우는 냄새 분자)가 결합하면, 수용체가 조금

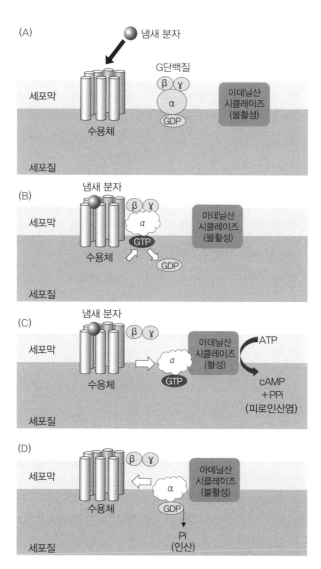

(A) 냄새 분자

G단백질
β γ
α
GDP

세포막
수용체
아데닐산
시클레이즈
(불활성)
세포질

(B) 냄새 분자
β γ
α
GTP
GDP

세포막
수용체
아데닐산
시클레이즈
(불활성)
세포질

(C) 냄새 분자
β γ
α
GTP

세포막
수용체
아데닐산
시클레이즈
(활성)
ATP
cAMP
+PPi
(피로인산염)
세포질

(D)
β γ
α
GDP
Pi
(인산)

세포막
수용체
아데닐산
시클레이즈
(불활성)
세포질

그림 3-3 수용체가 냄새의 정보를 세포 내로 전달하는 구조

씩 변형된다. 변형된 수용체 일부는 G단백질과 접촉한다. 그러면, 결합해 있던 GDP는 떨어지고 대신 GTP(구아노신 삼인산)(그림 3-3B)와 결합한다. GTP와 결합한 소단위체는 다른 소단위체에서 떨어져 나가고, 세포막 안을 움직여서 그 안에 들어 있던 아데닐산 시클레이즈(아데닐산고리화효소)에 결합된다(그림 3-3C).

세포막이라고 하면 언뜻 딱딱한 이미지가 연상되지만 실은 매우 유연하다. 따라서 세포막에 있는 단백질끼리는 매우 자유롭게 상호작용을 일으킬 수가 있다.

통상 아데닐산 시클레이즈는 효소로서의 역할을 할 수가 없다. 이를 불활성화 상태라고 한다. 그러다 G단백질의 소단위체+GTP와 결합하면 비로소 효소 역할이 가능해진다. 활성화되었다는 뜻이다. 효소기작 스위치가 ON이 되었다는 말이다. 아데닐산 시크레이즈라는 효소는 ATP(아데노신 삼인산)을 cAMP(환상아데노신 일인산)으로 변환된다. 생성된 cAMP야말로, 세포 내에 결합한 '냄새 분자'를 전달하는 역할을 한다. 냄새 분자가 수용체에서 떨어지면 아데닐산 시클레이즈에 결합한 소단위체와 GTP는 떨어지고, 아데닐산 시클레이즈는 초기의 불활성 상태로 돌아간다. 또한 GTP에서 인산이 하나 떨어지면 본래 GDP 상태로 돌아간다(그림 3-3D). 그리고 다시 냄새 분자가 수용체에 결합하면, 다음의 반응을 반복하게 된다.

세포막에는, 세포 안과 밖의 이온 농도를 제어하는 단백질이 있다. 이 단백질의 중심에는 구멍이 뚫려 있어서, 그 구멍을 개폐함으로써 특정 이온을 세포 안팎으로 이동시킨다. 이 단백질을 이온채널이라고 한다. cAMP는 세포 내에서 여러 역할을 하는데 그 중 하나가 양이온 채널을 열어 세포 밖에서 주로 칼슘이온(Ca^{2+})을 세포 안으로 흘려 넣는다. 그러면 세포 내 양이온 농도는 평소 상태보다 훨씬 높아지고, 세포 안은 + 전하를 띤다. 이러한 상태를 탈분극 상태라고 한다. 세포 내로 들어간 칼슘이온은 세포 안을 + 상태로 높이는 동시에 칼슘이온 농도로 개폐되는 염소채널을 연다.

그러면, 세포 내에 있던 염소이온(Cl^-)이 세포 밖으로 분비되고, 탈분극 상태가 높아진다. 즉 막의 전위(활동전위)가 높아져서 최고조에 달하면, 이것이 전기신호가 된다. 이 전기신호가 신경을 타고 냄새를 느꼈다는 정보를 뇌에 보내는 것이다.

냄새를 느끼는 GPCR 입체구조는 2000년에 이르러서야 밝혀져 최근 논문이 발표되었다. GPCR 중 하나가 아데노신 수용체이다. 아데노신은 아데노신 수용체를 통해 아데닐산 시클레이즈 활성을 높이고, cAMP 농도를 상승시켜 혈소판 응집을 억제하는 중요한 역할을 한다. 이 아데노신 수용체 중 하나인 아데노신 A2A수용체의 입체구조가 X선 결정해석이라는 방법으로 밝혀졌다(그림 3-4).

단백질은 20종류의 아미노산이 특정 배열로 연결되어 만들어

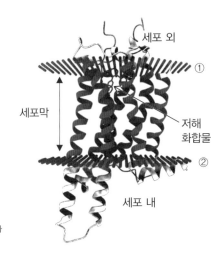

세포 외

①

세포막

저해
화합물

②

세포 내

그림 3-4 GPCR 입체구조의 예(아
데노신 A2A수용체).

지는데, 그것은 일직선으로 늘어진 끈처럼 생긴 것이 아니라 종
이접기처럼 매우 명확한 입체구조를 취하고 있다. 그 입체구조가
붕괴하면, 단백질은 제 역할을 못 하게 된다. 대부분 단백질의 입
체구조를 조사해 보면, 공통적으로 나타나는 입체구조의 특성이
있다. 그 중 하나가 헬릭스라고 불리는 나선형 입체구조이다. 헬
릭스는 많은 단백질에서 나타나는 중요한 구조이다. GPCR의 입
체구조는 대부분 이 헬릭스로 구성되어 있다. 그림 3-4에서는 막
을 관통하는 부분의 헬릭스를 나선형의 리본으로 표시했다. 또
세포막 상단과 하단을 각각 ①과 ②의 선으로 표시했다.

GPCR에는 7개의 헬릭스가 있으며, 그것들이 세포막을 교차하
지 않으면서 7회 서로를 가로지른다. 이렇듯 매우 특징적인 구조

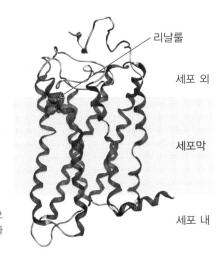

리날룰

세포 외

세포막

세포 내

그림 3-5 컴퓨터 시뮬레이션으로 구현한 사람의 냄새 수용체와 그에 결합한 냄새 분자(리날룰).

를 가진 수용체를 7회막관통형수용체라고 부른다. CPCR은 7회 막관통형수용체 중 하나이다. 막을 7회 관통한 결과, 막의 바깥에도 안에도 돌기된 부분이 생겨, 바깥 부분은 냄새 분자를 잡고, 안쪽 부분은 신호를 발생시키는 데 있어서 중요한 역할을 한다. 그림 3-4에는 이 수용체에 결합해서, 수용체의 역할을 방해하는 (저해하는) 화합물이 왼쪽 위에 표시되어 있다. 이런 저해화합물은 파킨슨병의 치료에 이용되기도 한다.

실험으로 단백질의 입체구조를 찾기 어려울 경우 컴퓨터 시뮬레이션으로 분자모델링을 해서 찾는 방법이 최근에 개발되었다. 사람의 후각수용체 OR1의 입체구조 역시 컴퓨터 시뮬레이션을 통해 그 단백질 구조를 밝혀냈다(그림 3-5). (이후 관련 구조를 X선

결정실험을 통해 단백질 구조를 결정한 연구발표도 있다). 그림에는 라벤더 유래 냄새 분자인 리날룰이 결합한 모습을 나타냈다. 이렇게 냄새 분자는 후각수용체에 결합해 세포 내에 그 향 정보를 전달하는 것으로 보인다.

GPCR에 관한 연구를 통해 미국 듀크대학교 레프코위츠Lefkowitz와 스탠포드대학교의 코빌카Kobilka가 노벨화학상을 수상한 것은 2012년이었다.

냄새를 느끼는 메커니즘

세포에 심긴 GPCR이라는 후각수용체 단백질이 냄새를 감지하는 센서라는 점을 설명했다. 이제 실제로 우리가 코로 냄새를 느끼는 기본원리를 설명하고자 한다. 그림 3-6에 인간의 코 해부도를 그려두었다. 콧속으로 들어간 라벤더 꽃의 향은 코 안쪽 상부에 있는 후각상피에 도달한다. 후각상피에는 후각세포(후신경세포)가 약 1,000만 개 있다. 후각세포 사이에는 부분 후선Bowman's Gland이 있고, 거기에서 분비된 점액에 녹은 냄새 분자가 후각상피층을 덮는 것이다. 또 후각세포에서 발현된 여러 개의 후각섬모가 비강 쪽으로 뻗어 나가고, 이 후각섬모 앞쪽에는 후각수용체가 줄지어 있다. 우리가 많은 냄새를 구분하는 것으로 미루어 볼 때 후각수용체의 종류는 여러 아형이 있는 듯하다.

　동물은 후각수용체 유전자를 지니고 있으며, 그 유전자에서 후각수용체인 단백질을 만들어낸다. 현재 우리 인간은 821개의 후

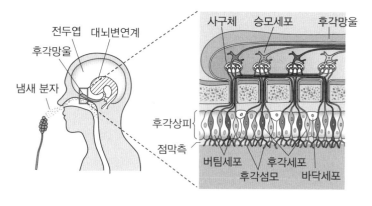

그림 3-6 냄새를 느끼는 구조

각수용체 유전자를 보유하고 있으며 그 중 실제 수용체로서 기능하는 것은 396개라고 알려져 있다.

색의 경우 삼원색에 대한 수용체를 조합해 정보를 분석하지만, 후각수용체의 경우 물질 별로 종류가 달리 존재해 그 수 역시 매우 많다는 사실을 알 수 있다.

그러나 인간 후각수용체는 다른 포유류에 비해 결코 많은 수가 아니다. 아프리카코끼리는 무려 1,948개나 되는 수용체 유전자를 가지고 있다. 그만큼 동물에게는 후각이 생존에 중요하기 때문이다. 앞서 설명했듯이 인간을 비롯한 영장류는 시각에 의존하는 일이 많아지면서, 후각에 대한 의존성이 낮아졌다. 심지어 침팬지와 오랑우탄은 인간보다 수용체 수가 더 적어서, 후각 의존도가 매우 낮은 경향을 보인다.

흥미로운 점은 하나의 후각세포에는 그에 대응하는 한 종류 후각수용체만 있다는 사실이다. 후각상피에서 수용된 냄새의 신호('냄새 분자가 결합했다'는 신호)는, 후각망울에 있는 약 1,000개 중 특정 사구체인 신경세포의 소집단에 입력된다. 즉 특정 후각수용체를 가진 후각세포는 그에 대응한 사구체에만 연결된다. 한 종류의 수용체가 한 종류의 사구체에 대응하는 것이다. 실제로는 훨씬 복잡하지만 가령 네 종류의 수용체가 있다고 치면, 그림 3-6 오른쪽처럼 된다. 이 경우 수용체로 느낀 4개 정보가 각 사구체에 모이고, 그 정보를 취합해 냄새 감각을 느끼는 것이다.

사구체의 정보는 뇌의 중추로 전달돼 냄새에 관한 각종 생물학적인 반응이 일어난다. 여기에 후각만의 독특한 전달경로가 있다. 후각 외에 시각, 청각, 미각 및 촉각 정보는 우선 시상에 전달되고 중계되어, 이후 대뇌신피질 감각중추에 들어가 감각으로서 인식된다. 즉 대뇌신피질에서 정보가 처리돼 감각이 생기는 것이다. 반면 후각신경은 두 가지 루트로 뇌에 전달된다.

하나의 루트는 다른 감각정보처럼 시상에서 중계되어 거기에서 대뇌신피질로 처리되는 것이다. 또 다른 루트는 후각신경이 거리상으로 가장 가까운 대뇌변연계에 직접 정보를 전달하는 방법이다. 대뇌변연계는 대뇌고피질이라고도 불리는 영역으로 기억, 학습 그리고 희로애락 등을 관할한다. 이 영역에 있는 해마는 기억 형성에, 편도체는 감정조절에 깊이 관여하고 있다. 후각신경이 전달한 정보는 그 부근의 시상하부, 하수체에까지 도달한다. 시상하부는 자율신경계와 면역계에, 하수체는 호르몬계에 관여한다.

즉 후각 정보는 대뇌에서 그 정보를 해석하기 전에 원시적인 뇌 부분에서 감지되고, 우리의 의식보다 빠르게 몸 안에서 그에 대처하는 활동이 일어난다는 것이다. 따라서 냄새를 맡는 순간, 그 냄새에 대응하는 의식적인 행동을 하기도 전에 반사적으로 모종의 감정이 솟아나는, 후각 특유의 반응이 일어나는 것이다. 앞서 설명한 프루스트 효과가 바로 그런 예이다. 후각에 근거한 반응이 본래 생물에게는 매우 매우 중요하고 긴급하게 필요한 것이었으므로 이런 구조가 만들어진 듯하다.

인간은 여러 종류의 냄새를 구분할 수 있는가?

갑작스럽지만 열쇠와 자물쇠 구멍의 이야기를 해야겠다. 복수의 자물쇠를 열 수 있는 마스터키 따위는 생각하지 않기로 한다. 보통은 하나의 자물쇠 구멍에 하나의 열쇠만 맞는다.

많은 수용체도 이런 특성을 보인다. 우리 몸에서 정상적인 생명활동이 일어나고 있을 때는, 이 수용체를 움직이는 분자는 한 종류이다. 수용체 분자에 작용하는 분자를 리간드Ligand라고 한다. 리간드 분자를 모사한 분자를 개발해 사용하면, 이것이 생체 반응 분자가 된다. GPCR에 관한 연구가 의학품 개발에 있어 매우 중요한 이유는 많은 병의 발병에 GPCR이 관여하고 있기 때문이다. 아무튼 세포막 안팎의 수용체와 결합해 그것을 움직이도록 하는 것은 매우 특정한 분자이다. 이러한 배척 특이성은 수용체의 큰 특징이다.

그림 3-7 복수의 후각수용체와 결합한 복수의 냄새 분자

후각수용체	1	2	3	4	5	6	7	8	9	10	향 종류
A					O						부패취,산취
B		O				O					단내, 허브 냄새
C	O			O	O		O			O	부패취,산취, 땀냄새
D		O		O	O						제비꽃향, 목재 냄새
E	O			O	O		O	O		O	부패취, 산취, 불쾌취
F				O	O		O			O	단내, 오렌지 냄새
G	O			O	O		O	O		O	왁스냄새, 치즈 냄새
H				O	O		O			O	신선한 냄새, 장미 냄새

　그러나 후각수용체의 경우, 지금까지의 상식과는 다른 거동을 한다. 특정한 한 개의 냄새 분자가 반드시 한 종류의 수용체와 결합하는 것이 아니다. 또 한 개의 수용체에 복수의 냄새 분자가 결합하는 일도 적지 않다. 그림 3-7에 그것을 도식으로 나타냈다. 왼쪽에는 A부터 H까지 서로 다른 8개의 냄새 분자가 있다. 상단에는 1부터 10까지 서로 다른 후각수용체가 있다. 냄새 분자와 수용체가 결합할 수 있는 곳에 O를 넣었다. 우리의 뇌에서 특정 냄새 분자의 냄새를 느낀다는 것은, 이러한 복수의 수용체와 상호작용한 결과를 조합한 것이라고 할 수 있다. 그 결과 오른쪽에

표시한 각종 냄새를 느낄 수 있다. 실제로는 복수의 냄새 분자와 특정 수용체 간 결합 강도에는 차이가 있으므로 조합의 수는 훨씬 더 많고 다양하다고 할 수 있다.

우리 인간은 수백만 색을 식별할 수 있다고 한다. 또 50만 종류의 다른 소리를 구분할 수 있는 것으로 추정한다.

냄새를 가진 분자는 약 40만 종류라고 알려져 있다. 후각수용체의 수가 약 400개라고 가정하고 앞서 설명했듯 냄새 분자 – 수용체 간 여러 조합이 있다면, 대체 우리는 몇 종류의 냄새를 식별할 수 있을까?

실은 이 질문에 대해 명확히 대답하기에는 아직 알려지지 않은 게 많다. 2014년까지는 대략 1만 종류의 냄새를 구분할 수 있다는 것이 통설이었다. 록펠러 대학교와 하워드 휴즈 의학연구소의 연구진이 2014년 3월 21일자 〈사이언스〉에 충격적인 논문을 발표했다. 인간이 약 1조 개 이상의 냄새를 구분할 수 있다는 것이다. 냄새 연구 및 관련 직업에 종사하는 사람들은 이 숫자에 대해 매우 놀라워했다.

그러나 이 학설에 대한 반론도 많다. 애리조나 대학교 연구자들은 아무리 많아도 인간이 감지할 수 있는 냄새는 5,000종에 불과하다고 2015년에 주장했다. 이 숫자는 2014년까지 통설로 여겨지던 숫자보다 오히려 적다. 다만 어느 쪽의 연구든 모든 냄새

를 맡아보고 조사한 건 아니므로, 어디까지나 이론상 이야기에
불과하다.

학설이 정리되지 않았다는 것은 냄새 연구가 다른 감각에 관한
연구보다 여전히 뒤처져 있음(신비의 베일에 싸인)을 반증하지만,
다른 한편으로는 원시적이라고 알려졌던 후각이 실은 매우 복잡
한 구조로 발현되고 있다는 점을 시사한다.

4장

향을 어떻게
표현해야 할까?

적어도 고등학생 이상이라면 냄새에 관해 다양한 경험을 했기 때문에, 전형적으로 좋은 향에 대해서는 공통된 인식을 할 거라 본다. 가령 꽃의 싱그러운 향이나 잘 익은 과일 향에 관해 이야기하면 대부분 의견이 일치할 듯하다.

그런데 시각과 청각 그리고 미각과 달리 후각의 경우 공통의 인식 기준을 명확하게 설정하는 것이 참으로 어려운 탓에 아무래도 감각적인 표현이 되어 버린다. 그 이유 중 하나로 많은 사람이 공통으로 느끼는 향의 질을 정량화하기 어렵다는 점을 들 수 있다. 과학으로 정량적인 향 분류를 한다면 객관적 판단을 할 수는 있겠지만, 현 상태에서는 쉽지 않다. 후각에 관한 본격적인 연구의 역사는, 슬프게도 아직은 매우 짧고 미흡한 상황이다. 향후 과학적 발전을 통해 이 문제가 해결될 것으로 기대한다. 다만 당분간은 어떻게든 향의 질에 관한 공통인식을 마련해 실마리로 사용할 수밖에 없다. 이를 위해서는 우리의 언어로 향을 표현하는 것이 필요하다.

이번 장에서는 언어를 통한 향의 표현법을 이야기해 본다.

향을 표현하는 말

우리뿐만 아니라 다른 언어에도, 후각에 사용하는 언어 표현은 그다지 많지 않은 것 같다. 아마도 후각이 인간에게는 원시적인 감각이며 본능적이고 즉각적인 반응으로 충분할 뿐, 굳이 언어로 표현할 필요가 없다고 여겨왔기 때문은 아닐까 싶다. 따라서 후각을 표현하는 언어 대부분은 다른 감각기관에서 확립된 것이다. 후각만의 독자적 언어 묘사로는, 냄새가 '좋은지' 또는 '나쁜지'를 표현하는 말밖에 없는 듯하다. 물론 냄새의 강도가 '약한지' '강한지'를 나타내는 말은 있지만, 이는 후각에 한정된 표현이 아니다.

 같은 화학감각인 미각은 후각과 매우 밀접하게 연관돼 있다. 따라서 이 감각을 표현하는 말은 상호 긴밀하게 연결된다. 미각에는 다섯 가지 기본 감각인 단맛, 신맛, 짠맛, 쓴맛, 그리고 감칠맛이 있다. 이 감각 표현인 '단' '신' '짠' '쓴' '감칠맛이 있는' 등은 향의 표현에도 그대로 사용된다. 다섯 가지 기본 미각에 포함되지 않는 '떫은' 및 '매운'이라는 미각 묘사도 향 묘사에 그대로 사용된다.

후각과 인접한 촉각에서도 여러 묘사를 전용하고 있다. 강한 냄새가 날 때 '코를 찌르는 듯한'이라고 표현하는 것처럼, 향이 우리에게 주는 감각의 강도를 피부 자극의 촉각 강도로 표현한다. '날카로운 것이 찌르는 듯한' '부드러운' '단단한' '매끄러운' '거친' '마른' '눅눅한' '끈적거리는' '끈적임이 없는' '무거운' '가벼운' '식은 땀이 나는' '차가운' '따뜻한' '후텁지근한' 등이 대표적인 예이다.

청각과 후각의 상호작용은 많지 않아서인지 그리 많은 표현을 전용하지 않는다. 그럼에도 차분한 향을 '조용한'이라 표현하고, 복수의 향이 동시에 존재하되 편하지 않을 때 '시끄러운'이라고 표현하기도 한다.

반면 시각은 후각과 가장 멀리 떨어진 감각임에도 많은 표현을 전용하고 있다. 표현은 크게 나누어서 색과 형태로 나뉜다. 색과 관련해서는 매우 풍부한 표현들을 전용한다. 많은 향 분자를 식물에서 얻고 그 꽃의 이미지까지 겹치기 때문인지 모르지만, 모든 향 속에 색조를 떠올리는 사람이 적지 않은 듯하다. 녹색은 식물의 잎을 연상시키고 그것이 신선할 때는 풋내가 떠오른다. 그 외에 빨강, 오렌지, 노랑, 하양, 보라, 핑크, 청, 갈색, 그리고 검정은 각각 향의 특징을 표현할 때에 사용된다. 색상뿐 아니라 명도를 표현하는 '어두운' '밝은' 그리고 채도를 표현하는 '선명한'

'맑은' '흐린' 등의 단어도 차용된다. 형태에 관한 표현은 촉각과 연결되는데 '둥근' '평평한' '부푼' '예리한' 등의 묘사가 특정 냄새 전달에 사용되기도 한다.

감각기관에 의한 직접적인 느낌뿐 아니라 정보처리 프로세스가 좀 더 가미된 표현도 있다. 그런 언어 중 일부는 너무 추상적이어서 말하는 사람과 듣는 사람 간 공통인식을 하는 게 어려운 경우마저 적지 않다. 향의 물리적·화학적 자극을 드러내는 것이 아니라 오히려 그 자극이 불러오는 감정과 심리를 묘사하는 말들도 있다. 향이 마음을 안정시켜 줄 때는 '밸런스가 좋은' '조화로운' '안정된' '차분한' '중후한' '온화한' 같은 언어가 사용된다. 향이 에너지를 줄 때는 '약동감이 있는' '가벼운' '흥분되는' '관능적인' 등의 단어를 즐겨 쓴다. 그리고 향의 품격을 나타내기 위해 '소박한' '고급스러운' '우아한' '품위 있는' '기품 있는'이라고 묘사하기도 한다. 이밖에 '청결한' '섬세한' 같은 표현으로도 향의 이미지를 공유할 수 있다. 이런 형용사는 화장품과 향수 등의 이미지를 전달하기 위해 많이 쓰이는데, 그 표현이 매우 감각적인 데다 모두가 납득할 수 없는 것도 적지 않다.

향의 질을 표현하다

향의 질을 표현하는 가장 확실한 방법은 그것과 매우 닮은 향과의 유사성을 강조하는 것이다. 즉 '~와 유사한' 냄새라고 말하는 식이다. 이렇게 표현하기 위해서는 세상에 존재하는 향을 가능한 간단한 카테고리로 분류하는 게 필요하다. 사실 이런 시도는 고대 그리스 철학자 아리스토텔레스도 했었다. 6종류의 냄새(향뿐만 아니라)를 '코를 찌르게 시큼한' '단' '쓴' '떫은' '풍미가 있는' 냄새와 '악취'로 나눈 것이다.

일반적으로 널리 쓰이는 표현을 분류해보면 다음과 같다. 각 카테고리에 속하는 대표적 아로마정유 향을 한두 개 외워두는 것만으로 그 카테고리에 속한 다른 향을 유추할 수 있다. 좀 더 익숙해지면 향에 대한 객관적 인식을 다른 사람과 공유할 수 있다는 점을 실감하게 될 것이다.

다른 분류에서도 마찬가지지만 많은 향을 실제로 맡아보고,

그것들이 각 카테고리에 어떻게 속하는지를 생각하는 것이 중요하다. 향을 다루는 분야에서는 향의 질을 표현하기 위해 영어와 프랑스어를 많이 사용한다. 공통인식을 소중히 다룬다는 관점에서 이 책에서는 일반적으로 사용하는 표현은 굳이 우리 말로 바꾸지 않고 그대로 두었다.

플로랄floral
수많은 꽃의 단향이다.
예 장미나 재스민 등의 향.

프루티fruity
잘 익은 과일의 단 향이다.
예 사과, 바나나, 포도, 멜론, 배, 파인애플, 체리, 딸기, 복숭아, 살구, 라즈베리, 망고 등 과일의 향.

스위트sweet
달달한 향이다. 사람에 따라 느끼하다는 인상을 갖기도 한다.
예 캐러멜과 쿠키 등 설탕을 열로 분해할 때 나오는 단향이나 바닐라의 향.

허니honey
벌꿀처럼 농밀한 단향이다.
예 양봉 벌꿀의 향.

아니스anise

한방약 같은 냄새를 지닌 단향이다.

(예) 중화요리에서 푹 고아내는 음식에 사용하는 팔각(스타아니스)이나 분말 상태 위장생약의 향. 필자는 이 향을 맡으면 차이나타운이 생각난다.

시트러스citrus

감귤류의 특징적인 상큼한 향이다.

(예) 레몬, 오렌지, 자몽, 귤, 라임 등 감귤계의 향이다. 누구나 분명하게 판별할 수 있는 향 중 하나다.

아로마틱aromatic

허브 같은 단향이다.

(예) 코리앤더, 바질 그리고 펜넬 등 허브계의 단향.

발사믹balsamic

발삼이란, 나무 수액이 굳어져 만들어진 수지를 의미한다. 달고 따뜻함이 있으며, 중후한 향이 특징이다.

(예) 추출법으로 얻는 바닐라는 발사믹이다. 또한 유향나무 수액을 굳혀 만드는 유향, 즉 프랑킨센스는 전형적으로 발사믹한 향이다. 기독교 교회의 향은 대부분 유향이다. 유향을 맡으면 필자는 교회 내부의 엄숙한 풍경이 연상된다.

그린green

녹색의 풀과 잎을 연상시키는, 풋풋하고 투명한 향이다.

예 이름 그대로 잎의 향이다.

우디woody

나무나 숲의 향이다. 잘라낸 목재의 냄새도 포함된다.

예 편백과 삼나무 등 단내가 있는 나무의 향으로, 샌들우드의 볼륨감, 달고 따뜻함이 있는 목조의 향 등이다.

모시mossy

숲속 나무껍질에 붙어 있는 이끼 같은 냄새다. 잉크 같고 쓴맛이 나며, 숲속 바닥에 있는 이끼 냄새로, 촉촉하고 차분한 향이다.

예 이끼가 낀 그늘진 일본 정원의 향과 조금 깊은 숲속이나 숲에 있는 나무의 표면에 생긴 이끼의 향.

어시earthy

흙냄새를 일컫는다.

예 이 냄새를 지닌 대표적인 식물이 허브의 일종인 파촐리다. 파촐리 냄새에서 먹물을 연상하는 사람도 많다. 깊고 차분한 향이다.

민티minty

말 그대로 민트(박하) 향이다.

예 스피아민트와 민트 향이 들어있는 과자는 주변에 많다.

허벌herbal

'허브 같은' 향. 허브 전체를 일컫는 향이다. 허브란 서양의 약초이므로, 약초 같은 냄새라고 봐도 무방하다.

(예) 허브 같은 향을 지닌 대표적 식물이 라벤더와 로즈메리이다.

스파이시spicy

향신료처럼 자극적인 향이다.

(예) 생강, 커민, 홍고추 등의 향이다.

마린marine

바다나 바닷가를 연상시키는 약간은 비릿하고 금속적이며, 풋내나는 향이다.

(예) 해조류의 향이 대표적인 냄새다.

레더leather

가죽제품에 있는 가죽의 냄새로, 담배 연기도 연상되는 동물적인 냄새이다. 새로운 가죽제품에서 특징적으로 나는 냄새다. 향료에서 이 냄새를 표현하기 위해서는 자작나무 껍질 증류를 통해 얻는 버치타르유birch tar oil를 사용한다.

(예) 가죽제품의 향.

앰버amber

장식품에 사용하는 호박의 향이다. 나무 수액이 오랜 세월 땅속에 갇혀서 굳어진 것이 호박이다. 따라서 호박에는 수액에 함유된 향기 성분이 포함된다. 단맛이 나는 수지로, 기분을 안정시키는 따뜻함을 지닌 중후한 향이다. 대부분 복수의 식물(전나무, 안식향나무, 바닐라, 시스트러스) 유래 발삼 향이 섞인 파우더리한 향을 가진다.

⬛예 호박의 조각을 부수면 그 향이 난다. 호박 파편을 태워도 향을 체험할 수 있다.

머스키musky

동물적인 분위기의 따뜻함과 무게감이 있는 어른스러운 향이다.

⬛예 머스크(사향) 향을 일상생활에서 체험하기 힘들 것이라 여길지 모른다. 하지만 우리가 즐겨 사용하는 많은 향수의 성분으로 들어가 있다. 향수의 대명사라 할 '샤넬 넘버 5'에는 합성화학적으로 조성된 머스크케톤이라는 향이 들어있다. 이 향수를 뿌리고 한참 시간이 흐르면, 묵직한 단향 가운데 머스크 향을 느낄 수 있다. 2016년 불가리Bvlgari에서 발매한 이리나Irina 역시 머스크 향이 강한 향수 중 하나다.

애니멀릭animalic

농도가 깊은 악취(짐승 냄새나 분뇨)이지만, 희석하면 꽃처럼 달고 따뜻함이 감도는 향이 된다. 물론 양질의 향을 이용하기 때문에 우리가 체험할 경우 꽃처럼 단향이다. 따라서 애니멀릭 향을 이용한다고 말할 때는 오히려 플로랄로 분류하는 게 좋다.

⬛예 뒤에서도 설명하겠지만, 인돌이라는 화합물은 재스민 등 많은 꽃의 향 안에 소량 함유되어 있어서, 향수나 향료 성분으로서도

많이 이용된다. 그러나 농도가 높아지면, 짐승 냄새 또는 분뇨 냄새 같은 역한 냄새로 변해버린다.

파우더리 powdery

문자 그대로 흰색 파우더나 건조된 가루 같은 느낌의 가볍게 단향이다. 이 카테고리는 향의 질감에 관한 것이기 때문에 다른 카테고리로 분류되었던 향도 포함한다. 흔히 발사믹으로 표현되는 바닐라, 그리고 벚꽃 잎의 향(쿠마린), 장미꽃, 제비꽃, 붓꽃, 헬리오트로프 꽃의 향도 파우더리하다고 표현한다. 물론 장미 안에서도 강하고 중후한 향을 가진 것은 파우더리가 아니라 플로랄이라고 표현한다.

예 가벼운 파우더리함을 지닌 꽃 향을 말한다.

알데히드 aldehyde

이 분류는 향의 질에 관한 것이 아니라 화학구조식에 근거한다. 6장에서 설명하게 될 작용기 중 하나인 알데히드기를 가진 분자에 많은 향이다. 꽃처럼 달콤한 향으로 촉촉하고 기름진 느낌을 자아내는 향을 일컫는다.

예 우리가 주변에서 접하는 알데히드는 아세트알데히드로, 그리 심하지 않게 취한 사람에게 다가갔을 때 느껴지는 약간 달고 프루티한 향이다. 이 향에 조금 기름진 느낌을 더하면 향수에 사용하는 알데히드류가 된다. 샤넬 넘버 5를 맡을 때 처음 느끼게 되는 달고 어른스러운 분위기의 향이 있다. 그것이 바로 알데히드 특유의 향이다.

위의 카테고리 외에 메디시날medicinal(약품 같은 냄새), 프레시 fresh(풋풋함) 등을 별도 카테고리로 포함하는 분류법도 있다. 어쨌든 위의 분류는 우리 대다수가 공통으로 느낄 수 있는 향을 정리한 것이다. 따라서 향의 질에 관한 정보를 교환하는 데 매우 편리하다.

이 분류의 타당성을 검증하는 과학적인 연구가 활발히 이루어지기를 기대한다. 향의 질에 관한 다음 설명에서는 대체로 이 카테고리에 근거해 기술하기로 한다.

색과 연결되는 향

색에는 빨강, 파랑, 초록이라는 색상이 있다. 색상에는 순환성이 있어서, 그 변화를 죽 나열하면 둥근 원(그림 4-1)이 된다. 이를 색상환(컬러 휠)이라고 한다. 색상환은 색 전체 관계를 한눈에 이해할 뿐 아니라, 색의 혼합을 고려하거나 배색에 의한 이미지를 만드는 데 있어 매우 편리하다.

이 색상환에 힌트를 얻어, 1983년 마이클 에드워즈라는 향료 회사의 컨설턴트가 프레그런스 휠(아로마 휠, 향기원, 향수 휠 또는 냄새 휠)을 구상했다. 색상환만큼 과학적 근거가 명확하지는 않지만, 개개인의 취향에 맞춰 향수를 선택할 때 편리하게 사용할 수 있다. 더불어 향의 관계를 이해하거나, 새로운 향을 디자인할 때도 유용하다. 따라서 몇 차례 프레그런스 휠은 개정되었다. 그 최신판이 그림 4-2이다. 우선 향을 크게 네 가지 패밀리로 나눈다. 플로랄floral, 프레시fresh, 우디woody, 그리고 오리엔탈oriental이

그림 4-1 컬러 휠(색상환)

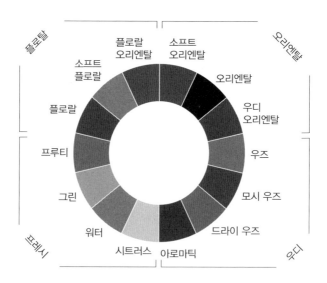

그림 4-2 향수 휠(향기원)

다. 그런 다음 각 패밀리를 소그룹으로 나눈다. 플로랄은 플로랄 floral, 소프트 플로랄soft floral, 플로랄 오리엔탈floral oriental로 나뉘고 프레시는 프루티fruity, 그린green, 워터water, 시트러스citrus로 나뉜다. 우디는 아로마틱aromatic, 드라이 우즈dry woods, 모시 우즈mossy woods, 우즈woods로 나뉘고 오리엔탈은 우디 오리엔탈woody oriental, 오리엔탈oriental, 소프트 오리엔탈soft oriental로 나뉜다. 이 경우 모든 것이 식물계로 정리가 되지만, 동물계 역시 이들 소그룹 안에 포함된다. 이 프레그런스 휠은 향 종류의 전체 상과 상호관계를 이해해야 하는 향 초보자에게 특히 편리하다.

각 소그룹의 향과 관련해, 그 향을 특징적으로 지닌 향수를 소개하는 것으로 간단하게 설명하겠다. 이번 장 이후 설명에서는 향수의 이름이 많이 나온다. 최근에는 백화점뿐만 아니라 향수만 전문적으로 취급하는 가게들이 늘고 있다. 흥미를 느낀다면 반드시 향을 직접 체험해 보기를 권한다. 영어를 공부할 때 영어를 많이 읽고 들어야 하듯, 향도 똑같다고 보면 된다.

플로랄

말 그대로 꽃 향이다. 장미, 플루메리아, 백합 그리고 재스민을 연상시키는 향이다. 대표적인 향수는 티파니Tiffany사의 티파니 Tiffany(1987)이다.

소프트 플로랄

플로랄에 비해 좀 더 차분한 톤으로 달고, 파우더 혹은 크림 같은 결을 가지며 머스크 향도 느껴진다. 대표적인 향수는 캐론Caron사의 녹턴스Noctunes(1981)이다.

플로랄 오리엔탈

오렌지 꽃처럼 부드러우면서 달콤한 향을 지니고, 향incense이나 호박amber처럼 종교적인 분위기가 느껴지는 향이다. 대표적인 향수는 겐조Kenzo사의 플라워 바이 겐조Flower by Kenzo(2000)이다.

프루티

복숭아, 배, 사과, 포도 등처럼 풋풋하고 과즙이 넘치는 듯한 단 향이다. 대표적인 향수는 에스카다Escada사의 시폰 소르베Chiffon Sorbet(1993)이다.

그린

푸릇푸릇하게 자라는 풀과 잎의 향이다. 최근 발매된 겔랑Guerlain사의 뮤게 2016Muguet 2016은 플로랄하면서 강한 그린 향을 갖고 있다.

워터

앞의 분류에서는 마린에 가까운 향이다. 깨끗한 바다와 폭풍이 지나간 후 습도가 높은 공기를 연상시키는 향이다. 대표적인 향수는 아라미스Aramis사의 뉴 웨스트 포 허New West for Her(1990)이다.

시트러스

레몬과 귤 등 감귤계의 강하고 신선하고 풋풋한 향이다. 대표적인 향수 중 하나(라기보다 필자가 좋아하는 것 중 하나)는 알바레스 고메스Alvarez Gomez사의 아쿠아 드 콜로니아 콘센트라다Agua de Colonia Concentrada이다.

아로마틱

이미 설명한 허브 향이다. 라벤더, 로즈메리, 바질 등의 향이다. 대표적인 향수는 파코 라반Paco Rabanne사의 파코 라반느 푸르 옴므Paco Rabanne Pour Homme(1973)이다.

드라이 우즈

막 타기 시작한 나무에서 피어나는 연기나 새 가죽신발 같은 냄새이다. 대표적인 향수는 샤넬의 안테우스Antaeus(1981)이다. 남성용 향수로, 필자 세대 남성 중에는 그 광고를 기억하는 사람이 많을 것이다.

모시 우즈

나무가 무성한 약간 어두운 공간이나 나무, 젖은 흙, 그것을 덮고 있는 이끼를 느끼게 하는 향이다. 대표적인 향수는 핼스톤Halston사의 핼스톤Z-14Halston Z-14(1976)이다.

우즈

삼나무와 백단sandal wood 향이다. 신선한 목재를 자른 직후 풍

겨오는 톱밥의 냄새이다. 대표적인 향수는 크리스티앙 디오르 Christian Dior사의 파렌하이트Fahrenheit(1988)이다. 이 향수에서는 가죽 향도 느껴진다.

우디 오리엔탈

백단이나 파촐리의 향에 단향과 스파이스를 가미한 듯하며, 약간 신비한 톤을 가진 향이다. 대표적인 향수는 던힐Dunhill사의 디자이어 포 맨Desire for a Man(2000)이다.

오리엔탈

바닐라, 머스크, 시나몬 그리고 옛날부터 사용된 스파이스 중 하나인 카르다몸을 넣은 듯 볼륨 있는 단향과 따뜻함을 지닌 향이다. 향에 관한 연구는 유럽 등지가 앞서 있어서 아무래도 그쪽에서 만들어진 용어를 사용하게 된다. 향의 분류 역시 유럽 사람들이 느끼는 향의 이미지이기 때문에 우리의 이미지와는 다소 차이가 있다. 필자의 경험으로는 옛날 일본의 오래된 신사, 그곳에 있는 정원의 이미지 혹은 동남아시아 마을 냄새의 이미지가 오리엔탈에 가까운 것 같다. 대표적인 향수는 다나Dana사의 타부 Tabu(1932)이다.

소프트 오리엔탈

부드러운 카네이션 꽃, 인센트 그리고 따뜻함과 함께 스파이시함을 느끼게 하는 향이다. 카네이션 자체가 꽃의 향 안에 후추와 정향의 뉘앙스를 가지고 있다. 대표적인 향수는 세르주 루텐Serge

Lutens사의 엠브레 술탄Ambre sultan(1993)이다. 이 카테고리에 속하는 향수는 필자가 아는 범위 내에서는 그리 많지 않은 것 같다.

표 4-1 향수의 분류

	여성용	남성용	유니섹스	합계	비율
프루티	21	0	3	24	0.4
그린	33	15	29	77	1.3
마린(워터)	35	81	21	137	2.4
플로랄	1,446	17	44	1,507	26.3
소프트 플로랄	354	10	23	387	6.8
플로랄 오리엔탈	533	1	6	540	9.4
소프트 오리엔탈	97	18	19	134	2.3
오리엔탈	145	15	31	191	3.3
우디 오리엔탈	352	361	65	778	13.6
우즈	71	263	63	397	6.9
모시 우즈	175	70	15	260	4.5
드라이 우즈	47	156	43	246	4.3
시트러스	146	138	167	451	7.9
아로마틱	8	572	21	601	10.5
합계	3,463	1,717	550	5,730	100

앞서 소개한 프레그런스 휠은 자의적으로 만들어진 분류법이다. 따라서 어느 영역에 넣어야 할지 판단이 어려운 향도 있다. 가령 여러 번 등장하는 샤넬 넘버 5는 통상 알데히드(플로랄 알데

히드)로 분류되지만, 이 프레그런스 휠에서는 소프트 플로럴 그룹으로 구분된다. 또 호박의 향은 오리엔탈 그룹으로 나뉜다. 유감스럽게도 모든 향의 질을 명쾌하게 구분하는 것은 현 시점에서는 불가능하다. 따라서 애매함을 줄인 분류법을 찾고자 하는 시도는 지금도 계속되고 있다.

에드워즈는 2008년 시판되는 6,000종류에 가까운 향수를 위의 분류법으로 나누었다. 그것을 표 4-1로 정리했다. 여기서는 향수의 용도를 남성용, 여성용 그리고 양성용(유니섹스)으로 구분하고 있다. 당연하지만 여성용이 압도적으로 많은 것을 알 수가 있다. 여성용에서 가장 많은 것은 플로랄로, 전체의 42%를 차지한다. 소프트 플로랄과 플로랄 오리엔탈까지 넣으면 67%나 된다. 이에 비해 우즈, 드라이 우즈, 아로마틱은 남성용에 많고, 그 중 아로마틱의 대부분은 남성용이다.

향수 제조사는 소비자가 좋아할 만한 상품을 시장에 내놓는다. 그러므로 이 숫자는 여성과 남성 각각의 취향을 반영했다고 봐도 무방하다.

향수의 분류

향수는 복수의 향 분자를 혼합해 만들기 때문에 조합향료라고도 한다. 조합향료에는 천연향료만으로는 낼 수 없는 향의 질이 있다. 다만 많은 이가 공통으로 좋아하는 향의 경향이 있으며, 이를 그룹화하는 것이 가능하다. 또 해당 그룹에 가까운 향을 '~조(계열)'라고 부르기도 하므로 각각의 특징을 이해해 두면, 향을 비교하거나 선택할 때 편리하다.

플로랄 계열

이 그룹에 속한 향수가 가장 많다. 즉 꽃의 향이 많은 이들에게 편안함을 주는 것이다. 가장 즐겨 사용되는 꽃의 향은 장미, 재스민 그리고 은방울꽃(프랑스어로 뮤게라고 불린다)의 향이다. 이 외에도 인동덩굴, 치자나무, 제비꽃, 라일락, 일랑일랑 등 많은 꽃이 사용된다. 단일 꽃의 향을 튀게 하는 향수도 있지만, 복수의 꽃 향을 섞어서 부케bouquet 계열로 만들기도 한다. 이 책에 자주 등장하는, 1921년 유명한 조향사 어니스트 보Ernest Beaux에 의해 만들어진 샤넬 넘버 5도 플로랄 계열을 대표한다. 함유된 알데히드 특징을 살려 플로랄 알데히드 계열이라고도 한다. 이 향수 안에서 플로랄 계열을 연출하는 것이 일랑일랑, 비터 오렌지(네롤리), 붓꽃(아이리스), 재스민, 은방울꽃 그리고 장미 향이다. 잘 만들어진 부케 같은 향으로, 어른스러운 배경일 때 매력을 뿜어낸다.

시프레 계열

시프레chypre란 프랑스어로 키프로스(섬)를 의미한다. 1917년 코티Coty사에서 만든 코티 시프레Coty Chypre에서 시작된 향의 그룹이다. 시프레 계열의 큰 특징은 처음에 피어오르는 신선하고 임팩트 강한 감귤계(시트러스) 향과 그 다음에 피어나는 모시, 그리고 우디한 오크 모시의 향, 머스크의 묵직하면서 온화하고 기분 좋은 향의 대비가 연출된다. 음악에서 화음의 울림이 중요하듯, 향 특히 복수의 향을 조합해 새롭게 만들어낸 향에서도 서로의 조합에 의한 하모니가 중요하다. 음악처럼 이를 어코드Accord라고 표현한다. 시프레 계열의 어코드는 남녀를 불문하고 많은 이들에게 사랑받기 때문에, 이 어코드를 콘셉트로 하는 다양한 종류의 향수가 만들어졌다. 크리스티앙 디오르가 1947년에 발매한 미스 디오르Miss Dior는 시프레 플로랄이라고 불리는 특징을 가지고 있다. 이 향수에는 시프레 계열의 중요한 포인트인 베르가모트도 들어있는데, 최초의 향은 알데히드와 치자꽃 등 단향이 배경에 깔린 갈바넘Galbanum의 자극적인 그린이다. 시프레 계열이지만 뉘앙스가 매우 다른 향이 있다. 음악으로 말하면 같은 조의 코드 진행 위에 다양한 멜로디가 올라선 느낌이라고 할 수 있을 것 같다.

푸제르 계열

푸제르Fougere는 프랑스어로 '양치식물 같은'을 의미한다. 숲의 그늘진 곳에 자라는 녹색 양치식물을 연상시키는 향을 가지고 있다. 푸제르의 향을 알기 위해서는 우비강Houbigant사의 고전적인 향수 푸제르 로얄Fougere Royale(1882)을 참고하면 된다. 그러나 많은 푸제르 계열 향수는 푸제르를 사용하는 게 아니다. 특히 남성용 푸제르 계열 향수는 상쾌하고 촉촉한 이끼 혹은 허브를 연상시키는 향을 특징으로 한다. 쿠마린은 푸제르 계열에서 결정적인 역할을 한다. 푸제르 계열은 남성용 향수에 많이 사용된다. 대표적인 것이 캘빈클라인사의 이터너티 포 맨Eternity for Men(1990)이다. 쿠마린의 향에 민감한 사람에게는 처음부터 향이 느껴진다.

이상의 표현 외에 오리엔탈과 플로리엔탈(플로랄+오리엔탈)이라는 분류도 있지만, 미묘한 차이를 제외하면 지금까지 설명한 향의 종류로 대응할 수 있을 것이다.

대부분의 향수와 아로마정유에는 복수의 향 분자가 들어있고, 그것이 상호 협조하면서 독자적인 향의 이미지를 만들어간다. 11장에서 복수의 향 분자가 어떻게 향수의 특징을 만들고 향의 이미지를 연출하는지에 대해 다시 설명하겠다.

5장

향의 분자를
알아보자

2장에서 수증기증류 등의 방법으로 식물에서 향 성분을 추출하는 이야기를 했다. 이런 성분은, 실은 복수 화합물의 혼합물이다. 라벤더에는 여러 종류가 있는데, 국내에서는 Lavandula angustifolia라는 품종이 주로 재배된다. 이 라벤더가 개화할 때 선단 부분을 수증기증류한 아로마 안에는, 표 5-1과 같은 화합물이 함유돼 있다. 초산 리나릴과 리날룰 두 가지 성분이 전체의 80% 전후를 차지하지만, 같은 품종이라도 토양이나 기후 등이 달라지면 성분상 차이도 크게 나타난다. 마찬가지로 꽃 부분을 용매추출해 얻은 앱솔루트 성분을 표 5-2에 나타냈다. 초산 리나릴과 리날룰이 도합 73%가량 함유되어 주성분은 거의 비슷하되 소량 함유된 성분들은 많이 달라진다. 소량이지만 이들 성분차는 향에 큰 차이를 만들어낸다. 스파이크라고 불리는 품종의 라벤더 성분은 표 5-3에 나타낸 것처럼 매우 차이가 있다. 아로마 테라피스트가 아로마정유를 추출하는 식물의 품종에 집착하는 이유를 이 성분 차이를 보면 쉽게 납득할 수 있다. 그러면 이 성분이 함유되어 있다는 사실을 우리는 어떻게 아는 것일까?

표 5-1 진정 라벤더에 함유된 향 분자

불가리아산

분자	%
초산 리나릴	46.6
리날룰	27.1
(Z)-β-오시멘	5.5
초산 라반둘릴	4.7
테르피넨-4-올	4.6
β-카리오필렌	4.1
(E)-β-파르네센	2.4
(E)-β-오시멘	2.2
초산-3-옥타닐	1.1

프랑스산

분자	%
리날룰	44.4
초산 리나릴	41.6
초산 라반둘릴	3.7
β-카리오필렌	1.8
테르피넨-4-올	1.5
보르네올	1.0
α-테르피네올	0.7
(Z)-β-오시멘	0.3
3-옥타논	0.2
(E)-β-오시멘	0.1

표5-2 라벤더 앱솔루트에 함유된 향 분자

분자	%
초산 리나릴	44.7
리날룰	28.0
쿠마린	4.3
β-카리오필렌	3.2
초산 게라닐	2.7
테르피넨-4-올	2.7
헤르니아린	2.3
(E)-β-파르네센	1.2
캠퍼	1.2
초산1-옥텐-3-일	1.1

표5-3 라벤더 (스파이크)에 함유된 향 분자

분자	%
리날룰	27.2-43.1
1.8-시네올	28.0-34.9
캠퍼	10.8-23.2
보르네올	0.9-3.6
β-피넨	0.8-2.6
(E)-α-비사볼렌	0.5-2.3
α-피넨	0.6-1.9
β-카리오필렌	0.5-1.9
α-테르피네올	0.8-1.6
게르마크론D	0.3-1.0

향 성분을 분리하다

먼저 아로마정유 안에 들어있는 복수의 화합물을 따로따로 볼 필요가 있다. 즉 분리할 필요가 있다는 뜻이다. 분리를 하는 기술은 화학 중에서도 정말로 중요하다. 이 기술이 발전해서 표 5-1, 5-2, 5-3과 같은 분자가 함유된 사실을 알게 되었다. 화학, 특히 생물 유래 성분에 관한 화학은 분리 기술 없이는 발전할 수 없었다. 오늘날 생물과학의 발전은 분리 기술 덕에 비로소 실현되었다고 말할 수 있다. 독자 중에는 장래 생물과학 분야로 진출하고 싶은 사람도 많을 것이라 생각된다. 이 분야를 공부하는 최초의 기술이 분리라고 해도 과언이 아니다.

라벤더 아로마정유는 점도가 다소 높지만 투명하고 균일한 액체이다. 따라서 이 액체에 표에 나온 여러 화합물이 혼합돼 있으리라고 선뜻 믿기지 않을지도 모른다. 분리 기술 중에 크로마토그래피는 매우 중요하다. 영어로는 Chromatography라고 한다.

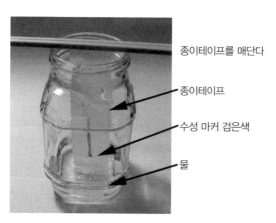

종이테이프를 매단다

종이테이프

수성 마커 검은색

물

그림 5-1 페이퍼 크로마토그래피 실험

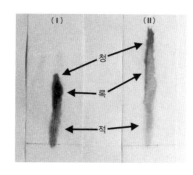

(I)　　　(II)

청

록

적

그림 5-2 검정색 수성 마커에 포함된 색소 성분

Chromato는 그리스어로 '색이 들어있는'을 의미한다. Graphy 역시 그리스어로 '기록법'을 의미한다. '색으로 식별하는 방법'이라는 의미다. 크로마토그램chromatogram은 크로마토그래피 기술에서 얻은 '기록'이 된다.

페이퍼 크로마토그래피라는 단어를 이미 아는 사람도 있을지 모르겠다. 여기서 간단한 실험을 해보자. 우선 폭 4센티미터 정도, 길이 10~12센티미터인 종이테이프를 여러 개 준비한다. 물을 잘 흡수하는 커피 필터나 키친 페이퍼가 적당하다. 이 종이테이프 하단에서부터 2센티미터 정도 위치에 연필로 수평선을 흐리게 그린 후, 그 중심 부근에 수성 검은색 마커펜으로 작은 점(검은 점)을 그린다. 유성이 아닌 수성 마커펜을 사용하는 것이 포인트이다. 그 다음 인스턴트커피 등의 병에 물을 1센티미터가량 담는다. 종이테이프 상단을 나무젓가락으로 끼우고 그림 5-1처럼 종이테이프 하단을 물에 닿게 하여 매달아 둔다. 이때 마커의 위치를 물에 닿지 않게 하는 것이 중요하다. 그 상태로 가만히 둔다. 물이 스며들고 모세관 현상에 따라 종이테이프의 위를 향해 점차적으로 올라가면서 수성 마커로 그린 점도 위로 퍼지기 시작한다. 시간이 지날수록 형태는 위로 길게 변형돼 처음에 점이었던 검정색이 점차 다른 색들이 되어 퍼져 나간다.

실은 색이 생겨나는 것이 아니라 본래 검정을 표현하는 데 사용했던 복수의 색이 분리되어 가는 것이다. 가령 삼원색의 물감을 섞으면 검은색이 되는데, 그 검은색이 삼원색으로 나뉘어 가는 것과 같은 이치이다. 종이테이프의 상단에서 0.5센티미터 정도까지 올라간 상태가 그림 5-2(Ⅱ)이다. 상단에 가까운 위치부터 하단으로 청, 록 그리고 적색이 보인다. 이렇게 페이퍼 크로마토그래피로 수성 잉크에 함유된 색소를 분리한 것이다. 그림

5-2(I)는 시작점부터 4센티미터 정도 올라간 지점까지만 물이 스며든 상태이다. 색이 아직 검고 색소가 분리되지 않은 것을 알 수 있다. 이 둘을 비교하면 긴 거리를 이동시킨 쪽이 색 분리가 잘 되는 것을 알 수 있다. 검정 잉크 발색은 잉크를 제조하는 회사에 따라 다르다. 따라서 그림 5-2와 같은 패턴이 아닐 수 있지만, 어떤 패턴으로든 색은 반드시 분리된다. 또 제조회사에 따라 혼합물이 아닌, 본래 검은색을 사용하기도 한다. 그때는 아무리 먼 거리를 이동시켜도 색은 분리되지 않는다.

그렇다면 페이퍼 크로마토그래피로 어떻게 색소를 분리할 수 있는 걸까? 우선 잉크가 종이에 묻는 원리를 생각해 보자. 종이는 보통 식물성 섬유로 만들어지고, 잉크 분자는 이 섬유에 강하게 결합한다. 강하게 결합하지 않으면 그 잉크는 종이에 묻지 않게 된다. 반면 연필의 원료인 흑연은 종이의 섬유 위에 묻지만, 강하게 결합하지 않기 때문에 문지르면 지워진다. 수성 마커는 연필보다 더 강하게 섬유와 결합한다. 앞선 실험에서 검은색 잉크도 복수의 색 분자 혼합물임을 확인했는데, 각 색의 분자와 종이섬유 간 결합성에는 차이가 있다. 수성 마커펜에 들어있는 색소분자는 모두 수용성이다. 다만 물에 대한 용해성 및 종이섬유와 결합하는 강도는 색소분자에 따라 차이가 있다. 그림 5-2 패턴을 보면 파란 색소는 물에 용해되기 쉬우며 종이섬유에 대한 부착성이 낮은 것을 알 수 있다. 따라서 먼저 물로 녹아나 상단

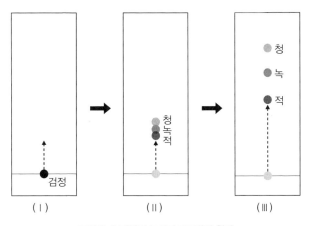

청
녹
적

청녹적

검정

(I)　　　　(II)　　　　(III)

그림 5-3 페이퍼 크로마토그래피 원리

까지 올라간다. 반면 빨간 색소는 섬유와 결합하는 강도가 강하고 물에 대한 수용성이 낮다. 그러므로 시간이 지나도 하단에 머물러 있다. 이 모습을 모식으로 나타낸 것이 그림 5-3이다.

크로마토그래피 방법은 여러 가지가 있지만, 원리는 모두 동일하다. 조금 어려운 이야기를 하자면, 페이퍼 크로마토그래피에서는 종이를 고정상, 물을 이동상이라고 한다. 크로마토그래피를 일반적으로 설명하면 '고정상에 흡착한 분자를 그것이 녹는 이동상을 이용해 고정상 위로 이동시킨 후 그 거리로 분자를 분리하는 기술'이라 할 수 있다. 이동상에는 기체와 액체가 주로 이용되며, 그들을 사용한 방법을 각각 가스 크로마토그래피 및 액체 크로마토그래피라고 한다.

기체를 이용해서 분리하다
─가스 크로마토그래피

냄새 분자를 분리하기 위해 가장 많이 사용되는 방법이 이동상에 기체를 이용하는 가스 크로마토그래피gas chromatography이다(그림 5-4). 우선 필요한 것은 기체인데, 냄새 분자와 화학반응을 일으키지 않는 안정적 기체인 헬륨이 가장 많이 이용된다. 이동상에 사용하는 가스라는 의미로 통상 캐리어가스라고도 부른다. 고정상에는 유기분자를 잘 흡착시키고, 유기분자와 화학반응을 일으키지 않는 실리카겔, 활성탄, 합성 제올라이트, 알루미나 등이 이용된다. 이 고정상은 분말 또는 입자상으로, 가스관에 넣어 봉인한다. 이를 보통 컬럼이라고 부른다. 페이퍼 크로마토그래피에서 설명한 것처럼 이동상이 길수록 다른 분자가 잘 분리되기 때문에, 컬럼을 길게 만든다. 통상 코일상으로 만들어 거리를 확보한다(그림 5-5). 여기서는 두 종류 분자의 예를 나타냈는데, (IV)처럼 두 종류 분자를 컬럼 위에서 명확히 나누는 것이 가스 크로마

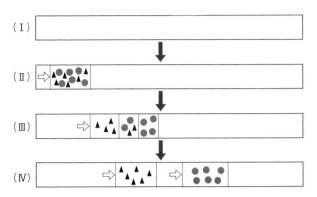

그림 5-4 가스 크로마토그래피 원리

(I) : 고정상(컬럼). 여기에 향 분자를 흡착시킨다.

(II) : 향 분자 혼합물(여기에서는 ●와 ▲ 두 종류)을 고정상에 흡착시킨다. 왼 쪽에 캐리어가스(⇨)를 넣고, 냄새 분자를 고정상 내에 이동시킨다.

(III): 두 종류 분자의 고정상에 대한 흡착력에는 차이가 있으므로 고정상 내의 이동에는 차이가 발생한다.

(IV) : 고정상 내에서 두 종류가 흡착하는 장소가 명확하게 나뉜다.

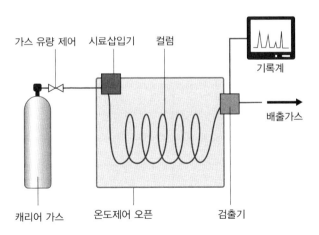

그림 5-5 가스 크로마토그래피 장치의 개념도

토그래프의 목적이다. 컬럼 앞에 시료(가령 아로마정유)를 넣는 곳이 있다. 아로마정유는 액체이기 때문에, 주사기syringe를 사용한다. 시료가 들어가면 가열되어 그 속의 성분 분자가 기화하고 캐리어가스로 운반돼 컬럼을 통과한다. 페이퍼 크로마토그래피처럼 각 분자는 컬럼에 감긴 고정상과의 결합성 차이로 인해 분리된다.

분리된 각 분자는 층을 이루며 컬럼의 출구로 나온다. 물론 고정상과 결합성이 약한 것이 처음에, 그리고 강한 것이 뒤에 나온다. 즉, 용리되는 시간차로 분자 종류가 구별된다.

냄새 분자의 대부분은 색을 갖지 않기 때문에, 컬럼 출구에서 나오는 분자를 색 이외 방법으로 판단해야만 한다. 검출법으로는 여러 가지가 있다. 향 성분 분석(있는지 없는지)에 가장 많이 사용되는 검출기가 수소염 이온화 검출기이다. 수소가스와 섞어서 연소시킬 때에 발생하는 플라스마 전자를 검출하는 방법인 불꽃 이온화 검출기를 영어로 flame ionization detector, 줄여서 FID라고 부른다. 미량의 성분도 검출 가능하다는 장점을 지닌 반면, 그 성분을 태워버리기 때문에 냄새를 맡을 수 없다.

성분을 태우지 않고, 출구에서 나오는 성분의 냄새를 확인할 수 있는 검출기로는 열전도도 검출기thermal conductiveity detector, TCD가 있다. 이 방법으로는 캐리어가스와 냄새 분자 가스 간 열전도도의 차이를 이용해, 출구에 도달한 분자를 검출한다. 이 검출기

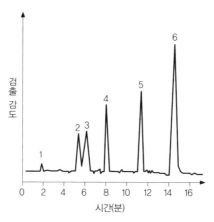

그림 5-6 가스 크로마토그래피 측정 결과(차트)

로 검출된 분자를 전기신호로 바꿔 기록지에 출력시키면, 그림 5-6과 같은 차트를 얻을 수 있다. 가로축이 시간(리텐션 타임이라고 부르고, 여기서 단위는 분), 세로축은 그 분자 검출 강도를 표시한다. 대체로 그 분자 농도에 상당한다. 예리한 스파이크 형상이 아닌, 좌우로 뭉뚝하게 끌려 나오는 것은, 컬럼에 의한 분리능이 나쁘다는 것을 뜻한다. 크로마토그래프의 설정이 적합할수록 예리한 피크를 얻을 수 있다. 만약 실험조건을 갖추는 것이 가능하면, 같은 분자는 같은 시간에 동일한 피크를 그린다. 이것이 크로마토그래피의 중요한 성질이다. 가령 지금 순수한 A라는 분자 시료가 있고, 같은 조건으로 가스 크로마토그래피를 해서 그 분자의 피크 위치와 아로마정유 피크를 비교할 때 그 모양이 일치한다면, 그 아로마정유에 A라는 분자가 함유돼 있다는 뜻이다.

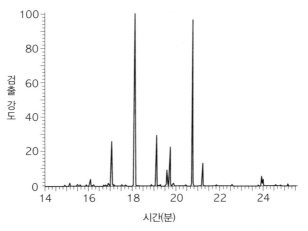

그림 5-7 프랑스산 라벤더의 가스 크로마토그래피의 사례

표 5-4 가스 크로마토그래피의 피크

피크 면적	피크 시간	화학물 명칭
1.064	16'06"	피넨 또는 β-미르센
7.432	17'04"	1,8시네올
31.909	18'07"	리날룰
7.518	19'07"	캠퍼
3.282	19'35"	보르네올
5.317	19'43"	테르피넨-4-올
27.504	20'46"	초산 리나릴
3.585	21'14"	초산 게라닐
1.362	23'58"	파르네센
1.085	24'01"	카리오피렌

이제 실제로 프랑스산 라벤더 가스 크로마토그래피의 차트 사례(그림 5-7)를 살펴보자. 이 차트에서 보이는 냄새 분자와 각 피크 사이의 관계는 표 5-4처럼 된다. 리텐션 타임 18분 7초에 리날룰이, 20분 46초에 초산 리나릴이 나타나 있다. 이 피크의 면적은 각각 31.909 및 27.504로, 다른 분자에 의한 피크보다 큰데, 이 샘플에 두 성분분자가 각각 약 35%와 31% 함유된 것을 나타낸다. 다른 성분 분자들 중 '또는'이라고 표현한 것은, 가스 크로마토그래피에서는 구별되지 않는 분자임을 나타낸다. 즉 양자는 같은 시간(리텐션 타임)에 나오기 때문에, 판별되지 않는다는 의미다. 매우 비슷한 시간에 컬럼에서 나오는 분자는 판별이 어렵다. 이를 분석하기 위해서는 고정상으로 사용하는 재료를 바꾸는 등 여러 다른 방법이 사용된다.

화학구조를 알아보자

가스 크로마토그래피에서는 컬럼에 머무르는 시간(리텐션 타임)에 어떤 유기분자가 나오는지만 알 수 있다. 그 성분이 어떤 화학구조를 가진 분자인지는 알 수 없는 것이다. 앞서 라벤더 정유 크로마토그래피의 각 피크가 어떤 분자에 의한 것인지는, 가스 크로마토그래피와는 다른 방법으로 파악됐다.

식물, 동물 그리고 미생물 등 생물체에는 대체 어떠한 분자가 들어있는 것일까? 이를 알기 위한 연구는 화학의 역사에서 매우 중요한 부분을 차지했다. 약학과 생물화학 그리고 의학은 이러한 기초 연구가 없었다면 아무런 발전도 이루지 못했을 것이다.

중학교와 고등학교에서 화학을 배울 때, 우리는 이미 화학구조를 가진 분자를 처음부터 보았다. 하지만 각 분자가 그러한 화학구조를 지녔다는 사실을 어떻게 알게 되었는가에 대한 설명은 거의 듣지 못한다.

분자의 화학구조를 아는(결정하는) 원리와 방법은, 화학에서도 중심적인 분야다. 다만, 이러한 방법에 관한 설명은 이 책 독자의 흥미를 끌지는 못할 듯하다. 그래서 분자의 화학구조를 알기 위한 구체적 방법인 질량분석법, 적외선 흡수 스펙트럼 그리고 핵자기공명 스펙트럼 측정법에 대해 책말미에 보충설명하는 것으로 갈음할 예정이다. 흥미가 있는 독자는 꼭 읽어보길 바란다. 이들 방법은 각종 유기분자 화학구조를 결정하기 위해 널리 사용하는 것들이다.

6장

향 분자의 화학

냄새가 나는 분자의 조건

향 분자의 대부분은 유기화합물이다. 분자량이 대략 1,000 이하인 유기화합물을 저분자유기화합물이라고 부르는데, 향 분자의 대부분은 저분자유기화합물이다. 유기화합물을 구성하는 주요 원소는 수소, 탄소, 산소 및 질소이고 대부분의 향 분자도 이들 원소로 만들어지는데, 유황을 함유한 분자도 있다.

향 분자는 공기 중에 확산해 우리의 코로 들어오게 된다. 따라서 향 분자는 우리가 일상적으로 생활하는 온도 및 기압에서 기체가 되는 분자여야 한다. 분자량이 작을수록 분자는 기체가 되기 쉽다. 즉 향 분자는 비교적 저분자량이다. 냄새가 나는(그리 좋은 향은 아닌) 가장 작은 분자는 암모니아로, 분자량이 17이다. 냄새가 나는 다른 모든 분자는 암모니아보다 큰 분자이다. 분자량이 큰 고분자로 만들어진 플라스틱 등은 냄새를 갖지 않는다. 에틸알코올은 분자량이 46으로, 상온에서 액체이다. 분자량이 342

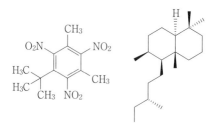

그림 6-1 머스크자일랜(좌)과 라브단(우)의 화학구조

인 자당sucrose(설탕)은 상온에서 고체(흰설탕)이다.

향 분자의 분자량 범위는 대체로 30~300 범위에 있으며, 많은 분자는 상온상압에서 액체이다. 향수 등에 사용되는 향 분자의 분자량은 150~200 사이에 분포한다.

향료로 사용되는 분자 중 가장 큰 분자량을 가진 머스크자일랜musk xylene(그림 6-1)의 분자량은 297이다. 이 분자는 화학합성으로 얻어진 것이다. 식물 유래 향 중 분자량이 가장 큰 것은 라브단Labdane으로 알려져 있다. 분자량은 278이다.

분자의 끓는점이 낮을수록 기화하기 쉽다. 향 분자의 끓는점 폭은 아주 넓어서, 대략 20~370℃까지 분포한다. 대다수 향 화합물의 끓는점은 300℃ 이하이다. 끓는점이 높으면 증기압이 낮아져 기화되기 어려운데, 향 분자 중에는 끓는점이 꽤나 높은 분자도 있다.

좋은 향을 느끼기 위해서 반드시 많은 기체분자가 한 번에 수용체에 결합할 필요는 없다. 또 분자량이 큰 향 분자는 후각수용체와 강하게 결합하기 때문에, 결합하는 분자 수가 적어도 그 영향은 강하다. 후각수용체에 강하게 결합하는 분자는 긴 시간 동안 향을 느낄 수 있다. 한편 분자량이 작은 향 분자는 후각수용체와 결합도 약하고, 당연히 향을 느끼는 시간도 짧아진다. 다만 상온상압이라도 일정한 증기압이 없다면 냄새를 느낄 수 없다.

아미노산의 일종인 알라닌의 분자량은 89인데, 25℃에서의 증기압이 고작 0.105mmHg로 추정된다. 분자량이 작지만 상온상압에서 기체가 되지 않기 때문에 냄새도 나지 않는다. 한편 멘톨(박하에 함유된)의 분자량은 156.3이지만 20℃에서의 증기압이 0.8mmHg나 되어 강한 페퍼민트 향을 느낄 수가 있다.

끓는점의 고저가 반드시 분자량의 대소에 좌우되는 건 아니다. 가장 좋은 예가 물이다. 물 분자의 끓는점은 대기압 아래서 100℃로, 매우 높은 온도이다. 헵탄(C_7H_{16})이라는 분자의 분자량은 100으로 물 분자의 5.6배나 되지만 그 끓는점은 물보다 낮은 98℃이다. 이 차이는 분자 간 친화성 강도의 차이에 의한 것이다. 헵탄분자는 액체 상태에서 분자 간 친화성이 낮아 서로 약하게 결합한다. 즉 끈적거리지 않는다. 이에 비해 물은 액체 속에서 분자끼리 수소결합을 통해 단단히 묶여 덩어리를 이루고 있다. 따라서 기화할 때는 그 덩어리에서 하나씩 하나씩 물 분자를 잘라낼 필요가 있으므로 100℃의 온도가 필요한 것이다. 헵탄분자 같은 분자는 기름에 용해되지만, 물에는 용해되지 않는다. 식물에서 추출한 향 성분을 아로마정유라고 하는데, 향 분자의 많은 부분은 기름에 녹아나기 쉬운(소수성) 성질을 가지고 있다.

그러나 향 분자는 코를 통해 후각상피의 점액에 먼저 녹은 후 후각세포 표면에 있는 후각수용체와 결합할 필요가 있다. 점액의 주성분은 물이다. 따라서 향 분자 중 어느 정도 물에 녹는(친수성) 것이 수용체까지 도달할 수 있는 조건이 된다. 즉 많은 향 분자는 기름에 녹기 쉬운 부분(소수 부분)과 물에 녹기 쉬운 부분(친수 부분)을 함께 가지고 있다. 예를 들어 그림 6-3의 리날룰 분자를 보자. 여기서 친수 부분은 하이드록시기, 그 외 부분은 소수성이다. 즉 향 분자는 기화하기 쉬운 친유 성질과 물에 녹기 쉬운 친수 성질을 조화롭게 갖출 필요가 있는 셈이다.

분자 구조가 향을 결정한다

유기화합물은 다양한 화학구조를 가진다. 그런데 어떤 화학구조가 어떤 향과 관계가 있을까? 화학구조와 향과의 관계를 1대1로 연결하는 법칙은 아직 알아내지 못했다. 다만 지금까지 진행된 많은 향 분자 연구를 통해 화학구조의 특징과 향 사이에는 명확한 관계가 있다는 사실이 밝혀졌다. 여기에서는 그 중 일반적인 관계에 대해 이야기한다.

향 분자의 두 가지 그룹

유기화합물 화학구조는 크게 나누어 두 가지 그룹으로 나뉜다. 하나는 방향족 화합물이라는 것이다. 방향은 좋은 향을 의미한다. 영어로는 aromatic compound라고 하는데, aroma는 '스파이스'를 의미하는 그리스어에서 왔다. 그림 6-2에서 볼 수 있듯,

이 그룹에 속하는 화합물은 벤젠환을 분자 내에 갖는 것이 특징이다. 벤젠환이란 그림 6-2의 왼쪽 상단에 있는 육각형의 환으로, 탄소 원자 6개와 수소 원자 6개로 되어 있다. 환 안쪽에 이중결합과 단결합이 연결되어서, 6개의 결합 모두 정확히 1.5중 결합 성질을 보인다. 그것이 벤젠환 성질을 결정하는 열쇠가 된다. 벤젠환을 포함한 유기화합물은 많다. 이들 중 분자량이 300 이하인 분자는 대체로 단향을 가지고 있다. 벤젠 자체도 단향을 가지고 있다. 벤젠은 발암성이므로 현재 실험실 사용이 엄격하게 제한되어 있지만, 필자가 학생일 때는 유기화학 실험실 냄새 중 하나가 벤젠이었다. 1장에서 등장하는 헬리오트로프에 함유된 아세트아니솔이라는 분자도 벤젠환을 가지고 있다.

다른 하나의 그룹은 지방족 화합물이라는 것으로, 역시 벤젠환을 갖고 있다. 그림 6-3에서 보는 것처럼, 가장 간단한 지방족 화합물은 메탄분자이다. 리날룰처럼 직쇄상인 분자가 있는 반면, 오렌지 등에 함유된 리모넨처럼 고리형인 분자도 있다.

지방족 화합물은 영어로 aliphatic compound라고 하는데, aliphatic은 '지방이나 기름'을 듯하는 그리스어 aleiphatos에서 유래했다. 실제로 지방족 화합물 중에는 기름진 냄새가 나는 화합물이 적지 않다. 2-노넨알은 지방족 화합물로 분류할 수 있는데, 기름진 냄새와 비린내를 갖고 있다. 이 분자는 소위 '노인냄새'의 원인 분자 중 하나로 지목된다.

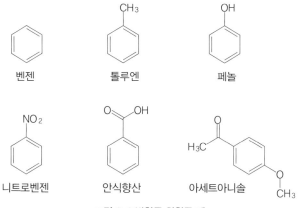

CH3
OH
벤젠
톨루엔
페놀
NO2
O
OH
O
H3C
니트로벤젠
안식향산
아세트아니솔
O
CH3

그림 6-2 방향족 화합물 예

지면 위에 있음
H
지면 안쪽을 향함
H
C
H
H
지면 앞쪽을 향함
메탄
OH
리날룰
리모넨
O
2-노넨알
H3C
H3C
CH3
H3C
CH3
CH3
H3C
CH3
CH3
스쿠엘렌

그림 6-3 지방족 화합물 예

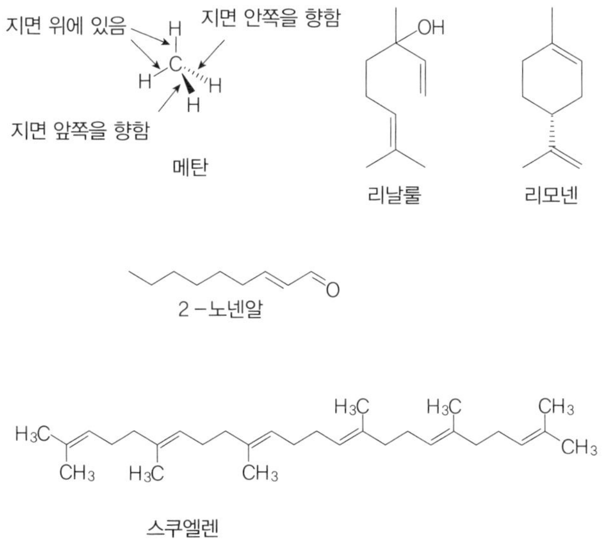

방향족 화합물과 지방족 화합물은 냄새의 질에서 분명한 차이를 보인다. 그것이 이들 화학구조에 의한 것임은 분명하지만 냄새의 질에 차이가 나는 근본 원인에 대해서는 지금까지 명확히 밝혀지지 않았다.

향 분자 외에 복잡하고 큰 분자들은 대부분 방향족 부분과 지방족 부분을 함께 갖고 있다. 다만 그런 분자들은 냄새를 발산하지도 않는다(적어도 우리는 냄새를 느끼지 못한다).

탄소 원자(C)의 수는 향 분자의 분자량을 결정하는 데 있어 매우 중요하다. 수많은 향 분자는 4~16개의 탄소 원자를 가진다. 그중 8~10개의 탄소 원자를 가진 분자가 우리에게는 가장 기분 좋게 느껴지는 것 같다. 탄소 원자 수가 적은 분자는 향이 강하지만, 앞서 설명했듯이 그 향은 빨리 사라져 버린다. 반면 탄소 원자 수가 많은 분자의 향은 좀 더 섬세하고 긴 시간 유지된다. 말하자면 후각수용체와 상호작용에 있어 탄소 원자의 수가 중요한 역할을 한다는 것을 의미한다.

기능기와 향의 관계

유감스럽게도 향 분자 화학구조와 향 사이의 연관에 관해서는 충분한 연구가 이루어지지 않았다. 이번 장에서는 지금까지 연구로 밝혀진 화학구조와 향 사이의 관계에 관해 설명한다.

유기화합물 중에는 특징적인 원자단이 있다. 원자단이란 복수의 원자로 이루어진 부분 화학구조로, 많은 분자 속에 포함돼 특징적인 성질을 나타낸다. 이러한 원자단을 기능기라고 한다. 향분자의 경우, 기능기에 특징적인 향이 있다.

알코올은 하이드록시기(그림 6-4a)를 가진 분자이다. 하이드록시기는 대표적인 기능기이다. 하이드록시기가 있으면 싱그러운 꽃 같은 단향이 난다. 민트 향도 하이드록시기에 의한 것이다. 경우에 따라 자극적인 냄새가 되기도 한다. 제라니올Geraniol은 하이드록시기를 가지며, 꽃 같은 향(플로랄)을 내는 대표 분자 중 하나이다. 하이드록시기가 분자 내에 1개일 때는 향이 강한데, 수가 증가하면 냄새가 약해진다.

알데히드기(그림 6-4b)는 하이드록시기가 산화된 것이다. 알데히드기를 가지면 강하고 자극적인 냄새가 된다. 제라니올은 플로랄 향이 나는데, 그 하이드록시기가 알데히드기로 산화하면 강한 레몬처럼 매우 자극적인 향으로 변한다. 또 데실알데히드처럼 알데히드기가 긴 지방족 체인의 끝에 붙으면, 기름진 오렌지 같은 향을 갖게 된다. 탄소 원자가 12개인 라우릴알데히드는 유명한 샤넬 No 5라는 향수의 기조가 되는 것으로, 바로 기름진 오렌지 향을 갖고 있다.

알데히드가 산화되면 카복실기carboxyl group(그림 6-4c)가 된다. 우리 주변에 있는 초산으로 상상할 수 있듯이, 카복실기가 되면

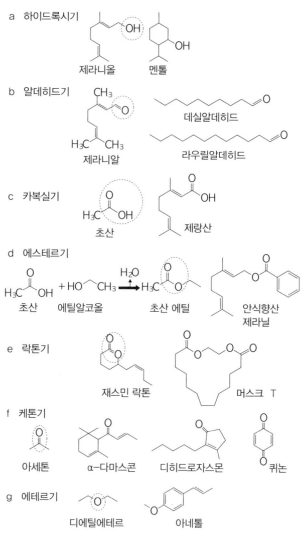

a 하이드록시기

제라니올   멘톨

b 알데히드기

제라니알   데실알데히드

라우릴알데히드

c 카복실기

초산   제랑산

d 에스테르기

초산   에틸알코올   초산 에틸   안식향산 제라닐

e 락톤기

재스민 락톤   머스크 T

f 케톤기

아세톤   α-다마스콘   디히드로자스몬   퀴논

g 에테르기

디에틸에테르   아네톨

그림 6-4 기능기의 종류, 기능기를 점선으로 표시했다.

산의 냄새가 난다. 특히 탄소 원자 수가 적은 지방족 카복실기는 부패 냄새와 땀 냄새처럼 좋지 않은 향을 낸다. 흥미로운 점은 분자 내에 카복실기가 1개일 때는 산 냄새가 강하게 나는데, 그 수가 증가하면 냄새가 점점 약해진다. 카복실기를 가진 분자 중 좋은 향이 나는 건 많지 않지만, 제라니알이 산화된 제랑산은 제라니올이나 제라니알과는 전혀 달리 풀과 녹색 잎의 향(그린) 혹은 나무의 향(우디)을 연상케 하는 온화한 향을 가진다. 하이드록시기, 알데히드, 그리고 카복실기로 변해가는 동안 향의 질이 크게 달라지는 것은 매우 흥미롭다.

에스테르기는 카본산과 하이드록시기가 그림 6-4d처럼 탈수 축합해 만들어진다. 이 그림은 초산과 에틸알코올로 만들어지는 에스테르인 초산 에틸을 나타낸다. 초산 에틸은 향료에 사용되는 아주 작은 에스테르로, 과일 같은 단향(푸루티)이 난다. 살짝 코를 찌르는 듯한 단향도 느껴지는데, 그게 바로 에스테르의 향이다. 초산 에틸은 프루티계 조합향료에도 이용된다. 초산 에틸처럼 축합되는 산이나 알코올 역시 작은 분자일 경우에는 프루티한 향이 난다. 한편 안식향산 제라닐처럼 베이스가 되는 산(안식향산)이나 알코올(제라니올)도 비교적 큰 분자가 되면, 그 향은 꽃 같은(플로랄) 것으로 변한다. 베이스가 되는 안식향산은 약하지만 달고 중후한(발사믹한) 향이 난다. 한편 제라니올은 장미처럼 플로랄한 향을 지닌다.

그림 6-4e에서 나타낸 것처럼 환 안에 있는 에스테르기를 특별히 락톤이라고 부른다. 락톤기를 가진 분자의 냄새는 환의 크기에 영향을 받는다. 앞서 나왔던 쿠마린도 락톤을 함유하고 있다. 재스민 락톤은 너트처럼 기름진 느낌이 가미된, 복숭아 혹은 살구의 프루티함이 강한 향을 지닌다. 환이 커져서 머스크 T처럼 되면, 사향과 같은 향을 갖게 된다.

케톤기(그림 6-4f)를 가진 분자는 일반적으로 달고 프루티한 향을 낸다. 케톤기를 함유한 가장 간단한 분자인 아세톤도 프루티한 향이 난다. 당뇨병 환자의 오줌에 많이 들어있으며, 단내가 난다. 또 로즈케톤(α-다마스콘)이라고 불리는 분자가 있는데, 사과 같은 향이 가미된 장미의 단향을 가진다. 디히드로자스몬 dihydrojasmone처럼 환 안에 케톤기를 가졌을 때에도 케톤기의 특징적인 프루티하고 재스민 같은 좋은 향이 난다. 한편 벤젠환이 카보닐기carbonyl에 붙은 퀴논은 코를 찌르는 듯한 자극취(염소 같은)가 나기 때문에, 좋은 냄새라고 할 수 없다.

에테르기(그림 6-4g)를 가진 단순한 분자 중 하나는 디에틸에테르로, 통상 에테르라 하면 이 분자를 일컫는다. 이 분자는 달고 자극적인 향이 난다. 다만 마취성이 있어서 향으로 이용되는 일은 없다. 에테르기를 가진 분자의 냄새는 알코올보다 가벼운 느낌이 있는데, 지방족 에테르로서 향료에 사용되는 것은 거의 없다. 지방족 에테르는 식물에는 존재하지 않는다. 반면 식물에 함

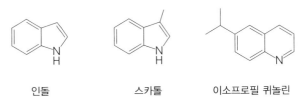

인돌   스카톨   이소프로필 퀴놀린

그림 6-5 N 원자를 포함한 분자

유된 방향족 에테르는 향에 기여한다. 아니스의 단향은 에테르기를 가진 아네톨 분자 덕이다.

이중결합이나 삼중결합 부분에는 전자가 많이 존재하면서 후각수용체와 상호작용하는 데 중요한 역할을 한다. 실제로 이중결합과 삼중결합이 증가하면 ('불포화도가 증가한다'라고 한다) 냄새가 강해진다. 또 지방족 분자의 경우, 이중결합 위치가 말단 3번째와 4번째 탄소 원자 사이일 경우 냄새가 강해진다. 향 분자의 대부분은 이중결합을 한다.

좋은 향의 분자에 함유되는 일은 거의 없지만, 유황 원자(S)와 질소 원자(N)도 분자의 냄새에 영향을 준다. 인돌과 스카톨(그림 6-5)처럼, 질소 원자를 포함한 분자로서 농도가 높을 때는 악취가 나지만 농도를 낮출 경우 방향으로 바뀌는 성질을 가진 분자도 있다. 또 이소프로필 퀴놀린isopropyl quinoline처럼, 퀴놀린의 구조를 가질 때 이끼 낀 나무 같은 향을 내기도 한다.

3장에서 설명한 것처럼, 향 분자는 후각수용체에 결합하지 않으면 안 된다. 후각수용체 분자량은 수만 개로, 커다란 단백질이다. 한편 향 분자의 분자량은 고작 300 내외이다. 이 작은 향 분자가 수용체와 결합해 형태를 조금 변화시킨 후 그 신호를 세포 내에 전달한다. 향 분자 내의 특정 기능기가 이 결합에 중요한 역할을 한다는 사실은 말할 필요도 없지만, 수용체에 결합한 향 분자는 신호를 전달한 후 적당한 시간 안에 수용체에서 떨어져야만 한다. 만약 스위치가 켜진 채로 있다면, 그 이후의 냄새를 느낄 수 없게 된다. 따라서 향 분자는 특정 수용체에 부드럽지만 확실하게 결합할 필요가 있다. 생체반응 분자의 다수는 수용체와 강하게 결합하는 것이 필요하다. 이를 위한 분자 내 기능기의 비율은 향 분자보다 훨씬 많다. 나아가 질소 원자와 유황 원자 그리고 염소 원자(Cl)처럼, 원자 간 상호작용을 강하게 촉진하는 원자를 포함한다. 즉 향 분자와 수용체 분자 간 상호작용은 매우 민감하다는 것을 알 수 있다. 유감스럽게도 아직 후각수용체와 향 분자가 어떻게 분자 단위에서 상호작용을 하는지는 실험적으로 확인되지 않았다. 이 문제에 흥미를 지닌 독자가 있다면, 이토록 중요하고 흥미로운 문제에 도전해 보기를 기대한다.

기하·구조 이성질체에 의한 향의 차이

그림 6-6에 그려진 n-부탄(I)이라는 분자에는 이중결합이 없다. 탄소 원자 A(CA)와 탄소 원자 B(CB) 사이 단결합에 따라 좌우 원

자단(메틸기)은 비교적 간단하게 회전할 수 있다. 따라서 (II)라는 구조(입체배좌)를 취할 수도 있다. 다소 불안정한 구조지만 (III)와 같은 구조(입체배좌)를 취할 수도 있다. 물론 이들과 같은 류의 구조(입체구조)를 취할 수도 있다. 즉 상온에서는 서로 다른 복수의 n-부탄 입체배좌를 얻을 수 있되 한 종류의 분자로 존재한다. 분자가 단일인지 아닌지는 그 분자의 융점(녹는점)이나 끓는점 등의 성질로 파악할 수 있다. n-부탄의 융점은 영하 140℃이고 끓는점은 영하 1℃이다. 누가 어떻게 측정하든 이에 가까운 수치가 나온다. C-C 결합 주변의 회전은 일어나지만, 자유롭게 변화하기 때문에 특정 입체배좌만 꺼낼 수는 없다.

그러나 이중결합이 될 경우, 상황은 크게 변한다(그림 6-7). (I)의 분자는 n-부탄 중앙의 C-C가 이중결합된 것이다. 이중결합 부분에는 전자가 많이 분포해 결합이 강해져 있다. 따라서 C=C 결합 주변의 회전은 불가능해진다. 무리해서 온도를 올려 회전하면, 그 부분에서 분자가 붕괴돼 버릴 정도이다. 그러므로 (I) 분자 안 우측 아래에 있는 메틸기(-CH₃)를 (II) 분자와 같은 위치로 갖고 갈 수는 없다. 즉 (I)은 (II)와 같은 구조를 취할 수 없다. 원자 종류나 수가 완전히 똑같으니 분자량도 같다. 그러나 (I)과 (II)는 서로 다른 분자로서 존재한다. 이들 분자의 총칭은 2-부탄이지만, 그것만으로는 (I)과 (II)가 구별되지 않는다. 따라서 (I)을 트랜스-2-부탄, 그리고 (II)를 시스-2-부탄으로 구별한다. 트랜스

trans라는 접두어는 이중결합에서 2개의 메틸기가 서로 반대 방향인 것을 의미한다. 한편 시스cis라는 접두어는 2개의 메틸기가 같은 방향인 것을 의미한다. (I)의 끓는점 및 융점은 각각 1℃와 영하 106℃이며, (II)의 값은 각각 4℃와 영하 139℃로 큰 차이가 난다. 얼핏 같아 보이는 이 분자가 실은 완전히 다르다는 점이 명확하게 드러나는 것이다. 이렇게 이중결합 위치가 서로 다른 화학 구조를 기하 이성질체라고 한다.

그림 6-8에서 나타낸 자스몬이라는 분자는 재스민의 단향을 만드는 분자인데, 환 외 이중결합에서 2개의 기하 이성질체가 존재한다(환 내 이중결합에서는 기하 이성질체가 존재하지 않는다). 하나는 시스자스몬이며, 다른 하나는 트랜스-자스몬이다. 트랜스-자스몬은 시스형cis-form과 크게 다른, 머시룸(버섯) 같은 향을 낸다. 다행히 재스민에서 얻을 수 있는 자스몬은 모두 시스형이다. 식물에서 얻을 수 있는 향 분자는 일반적으로 시스형이 많고, 냄새도 시스형이 훨씬 뛰어나다.

물론 예외도 있다. 그림 6-8의 제라니올은 장미의 온화한 향을 내는 분자다. 이중결합을 2개 가지고 있는데, 왼쪽 이중결합에 관련된 탄소 원자에는 메틸기가 2개 결합해 있어서, 그 부분에 기하 이성질체는 존재하지 않는다. 반면 오른쪽 이중결합에서는 기하 이성질체가 존재한다. 이 이중결합에 결합한 좌우 탄소쇄의 배치가 트랜스가 되는 분자가 제라니올이다. 시스형인 분자

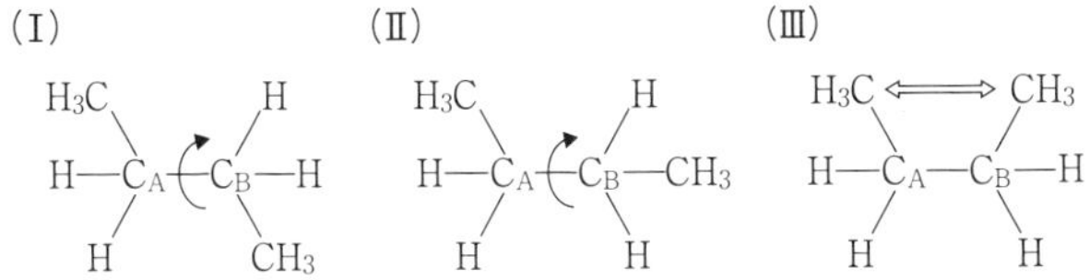

（Ⅰ）　　　　　　　　　（Ⅱ）　　　　　　　　（Ⅲ）

H_3C　　　H　　　　　H_3C　　　H　　　　　H_3C ⟺ CH_3

H—C_A—C_B—H　　　H—C_A—C_B—CH_3　　　H—C_A—C_B—H

H　　　CH_3　　　　　H　　　H　　　　　　H　　　H

그림 6-6 단결합 주변으로 회전이 가능하며, 복수의 입체배좌가 생긴다.

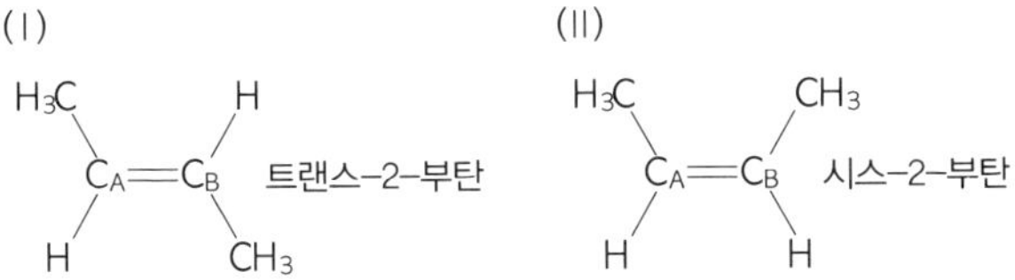

（Ⅰ）　　　　　　　　　　　（Ⅱ）

H_3C　　　H　　　　　　　H_3C　　　CH_3

　C_A＝C_B　트랜스-2-부탄　　　C_A＝C_B　시스-2-부탄

H　　　CH_3　　　　　　　H　　　H

그림 6-7 이중결합 주변으로는 회전이 안 되기 때문에, 단순한 기하 이성질체가 생긴다.

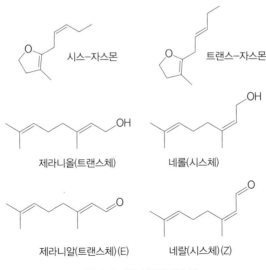

시스-자스몬　　　　　　트랜스-자스몬

제라니올(트랜스체)　　　　네롤(시스체)

제라니알(트랜스체)(E)　　　네랄(시스체)(Z)

그림 6-8 기하 이성질체의 예

는 네롤이라고 부른다. 화합물의 이름에는 화학자가 정한 계통적 이름과 관용적으로 사용되는 이름이 공존하기 때문에 종종 입문자를 헷갈리게 하는데, 제라니올이나 네롤은 관용적 명칭이다. 네롤도 장미의 단향을 갖고 있다. 제라니올의 하이드록시기가 알데히드기로 바뀐 분자가 제라니알이다. 따라서 트랜스형이 제라니알이지만, 그 시스형은 네랄이라고 불리며, 그것들을 총칭해 시트랄이라 한다. 레몬의 향이 나기 때문이다.

기하 이성질체에 관한 말의 문제를 또 하나 소개한다. 제라니알을 (E)-시트랄, 그리고 네랄을 (Z)-시트랄이라고 표기하기도 한다. 시스와 트랜스는 말하자면 관용적인 표현이며, 화학자가 정한 정식 명은 각각 (Z)와 (E)이기 때문이다. Z는 독일어로 Zusammen(같은 방향), E는 Entgegen(반대 방향)을 말한다.

위치 이성질체에 의한 향의 차이

분자 내에 같은 기능기가 있어도, 그 위치에 따라 분자 향의 질이 크게 달라지기도 한다. 가령 그림 6-9의 2-페닐에탄올(-페닐에틸알코올)은 장미꽃에서 얻을 수 있는 향 성분 중 65~80%를 차지하며, 장미 향의 주요한 역할을 담당한다. 그러나 하이드록시기의 위치가 다른 1-페닐에탄올은 플로랄한 향이 나되, 온화한 히아신스나 치자꽃 향에 가까워진다.

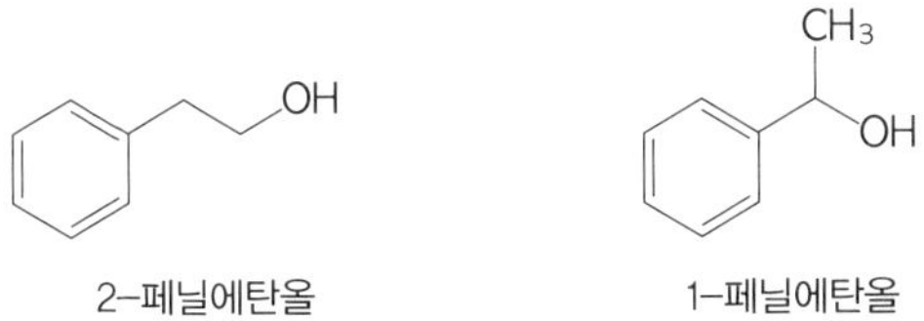
OH
CH3
OH
2-페닐에탄올
1-페닐에탄올

그림 6-9 페닐에탄올

그림 6-10 상단의 4개 화합물은 매우 닮았다. (I)은 파스 약에 사용되는 살리실산과 비슷한 강한 냄새를 갖고 있는데, 케톤기 위치가 다른 (II)에서 이 냄새는 아주 약해진다. (I)의 하이드록시기를 이동시킨 (III)은 거의 무취인데, (IV)는 달고 부드러운 딸기나 라즈베리처럼 프루티한 향을 갖고 있다. 그 이름도 라즈베리

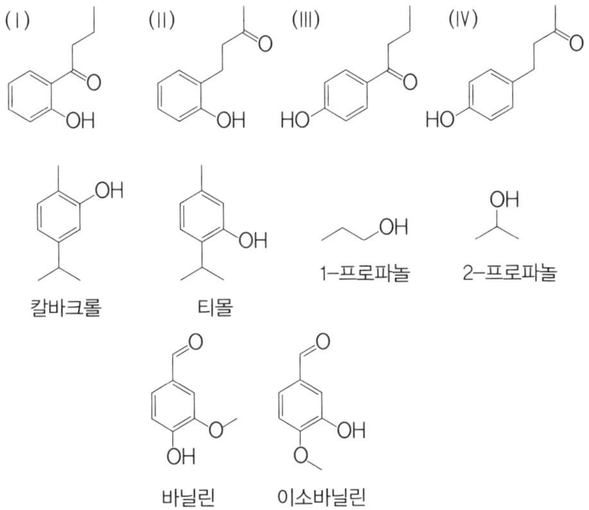
(I)
(II)
(III)
(IV)
O
OH
HO
칼바크롤
티몰
1-프로파놀
2-프로파놀
바닐린
이소바닐린

그림 6-10 위치 이성질체의 예

케톤이라고 불린다. 그림 6-10 칼바크롤은 오레가노의 특징적 향인 자극취를 갖고 있다. 하이드록시기를 이동시킨 티몰은 스파이스인 타임 같은 향으로 변한다. 1-프로파놀은 에틸알코올 같은 냄새가 나는데, 하이드록시기를 이동시켜 정중앙으로 가져온 2-프로파놀은 단향이 난다. 바닐린은 말하자면 바닐라 같은 향을 내는 반면, 하이드록시기와 메톡시기($-OCH_3$)를 바꾼 이소바닐린은 냄새가 거의 없다.

지금까지 살펴본 것처럼 기능기의 있고 없음으로 특징적인 향을 정확히 1대1 대응시키는 것은 불가능하다. 향에 관한 기능기의 영향은, 그 위치 및 분자 내 다른 기능기 및 화학구조에 따라 크게 달라진다. 다만 향의 질을 통해 특정 분자에 함유된 기능기를 연상한다면, 감각적인 향의 표현뿐만 아니라 향에 관한 이해의 깊이도 깊어질 수 있다고 필자는 생각한다.

광학 이성질체에 의한 향의 차이

탄소 원자의 원자가는 4로, 4개의 원자와 단결합할 수가 있다. 그림 6-11처럼 4개의 서로 다른 원자(X, Y, Z, W)에 탄소 원자가 결합하는 분자(I)를 만들면, 탄소 원자는 사면체의 중심에 위치한다. 이 분자를 그림과 같이 종이 면에 수직으로 둔 거울에 비추면 거울상 이성질체인 분자(II)가 만들어진다. X, Y, Z, W가 모두

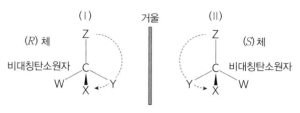

그림 6-11 광학 이성질체

다르면, (I)과 (II)를 완전히 겹치는 것은 불가능하다. 마치 왼손과 오른손의 관계처럼 말이다. (I)과 (II)는 원자의 종류와 수 그리고 상대 위치가 완전히 동일하므로 질량분석, 적외선 흡수 스펙트럼 그리고 핵자기공명NMR을 이용해도, 양자의 입체구조를 구별할 수 없다. 유일한 차이는 편광의 빛에 대한 거동이다. 즉 편광을 회전시키는 성질이 (I)과 (II)에서는 역방향이고, 이로써 둘의 구별이 가능해진다.

이러한 성질을 가진 탄소 원자(비대칭탄소원자)를 포함한 분자를 광학활성 분자라고 부르며, (I)과 (II)는 광학 이성질체의 관계에 있다고 말한다. 지금 원자(원자단) 크기(질량)의 순서가 W⟨X⟨Y⟨Z라고 한다면, 비대칭탄소원자를 넘어 W를 내려보는 방향에서 분자를 볼 때, Z→Y→X가 시계방향으로 배치된 탄소 원자는 (R)의 절대 입체배치라고 한다. 반대로 반시계방향으로 배치된 탄소 원자는 (S)의 절대 입체배치를 취한다고 한다.

그림 6-12의 분자 리모넨에게는 비대칭탄소원자(*로 표시했다)가 한 개 있다. 따라서 거울상 이성질체가 되는 광학활성 분자

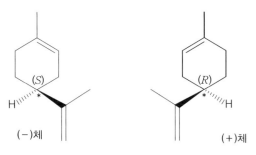

그림 6-12 리모넨 광학 이성질체

가 두 종류 존재한다. 오른쪽 분자는 편광이 우(+측)로 123.8도 꺾이기 때문에 (+)-리모넨이라고 불린다. (+)-리모넨의 비대칭 탄소원자는 (R)의 배치이다. 한편 왼쪽 분자는 편광이 좌(-측)으로 123.8도 꺾이기 때문에 (-)-리모넨이라고 불린다. (-)-리모넨 비대칭탄소원자는 (S)의 배치이다. 편광이 어느 정도 꺾는지는 선광도 측정을 통해 실험적으로 알 수 있다. (+)-리모넨은 전형적이고 촉촉하며 청량감 있는 감귤계(시트러스)의 향을 강하게 낸다. 이와 달리 (-)-리모넨은 박하유에 함유되어 테르핀유나 송진 같은 냄새를 낸다. 둘의 냄새는 크게 다르다. 후각수용체는 아미노산으로 만들어진 단백질이며 그 자체가 광학활성 분자이다. 따라서 쉽게 구별되지 않는 분자들 간 향의 질도 크게 달라지는 것이다.

광학활성 분자 표기법에는 여러 가지가 있으며, 유감스럽게도 그것들이 혼재되어 사용되는 실정이다. (+) 분자가 d(dextro, 우)

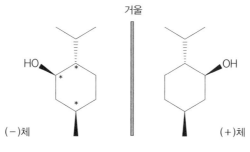

거울

HO   OH

(−)체   (+)체

그림 6-13 멘톨의 광학 이성질체

로, (−) 분자가 l(levo, 좌)로 표기되기도 한다. 이 책에서는 모두 (+)와 (−)로 통일했다.

리모넨처럼 비대칭탄소원자가 분자 내에 한 개 있을 때는, 2개의 광학 이성질체 분자가 된다. 만약 분자 내에 3개의 비대칭탄소원자가 있다면, 8개 광학활성 분자가 존재하는 셈이다.

그림 6-13에 나타낸 멘톨의 경우 *로 표시한 3개의 비대칭탄소원자가 있으므로 8개의 광학활성 분자가 존재한다. 이 중 청량감이 좋고 지속성 강한 페퍼민트의 향을 가진 분자는 왼쪽의 (−)-멘톨이다. (−)-멘톨의 광학 이성질체인 오른쪽 분자 역시 페퍼민트의 향을 가지지만 그 강도는 (−)-멘톨보다도 훨씬 약해서 30% 이하이다. 다른 6종류의 광학활성 분자의 페퍼민트 향은 더욱 약하거나 페퍼민트 향이 거의 나지 않는다.

실은 우리 몸을 구성하는 대부분의 분자는 광학활성 분자이다. 오른손은 오른손용 장갑밖에 들어가지 않는 것처럼, 광학활

성 성질을 지닌 분자 간 상호작용(인식)은 매우 엄밀하게 행해지
므로, 명확하고 효율적인 생명활동을 영위하는 데 있어 광학활성
분자는 매우 유리하다. 우리 몸을 구성하는 20종류의 아미노산
중 19종류는 광학활성 분자이고, DNA 분자 역시 광학활성 분자
이다. 식물체 안에서 만들어지는 향 분자에도 광학활성 분자는
다량 함유되어 있다.

화학구조의 작은 변화가 향도 바꾼다

γ-노나락톤(그림 6-14)은 코코넛의 향을 나타내는 락톤이다. 이
분자의 오른쪽 탄소쇄를 2개 늘리면 ($-CH_2-CH_2-$) 즉 γ-운데카
락톤이 되는데, 이 분자는 복숭아 향을 가진다. 똑같이 아몬드나
살구씨의 향을 가진 벤즈알데히드의 알데히드기와 벤젠환 사이
에 비닐기($-CH=CH-$)를 넣으면 신남알데히드라는 분자가 되는
데, 이 분자는 시나몬 향을 가진다.

바닐라의 단향의 근원인 바닐린의 알데히드기가 아릴기
($-CH_2-CH=CH_2$)로 바뀌면, 정향 냄새가 나는 오이게놀 분자가
된다. 정향은 충치 치료제로 사용되는 물약에 들어있다. 사용해
본 사람이라면 달고 농후하고 저리는 듯한 그 자극을 잊을 수 없
을 것이다. 1-부탄올 역시 자극적인 냄새를 풍기는데, 하이드록
시기를 카본산기로 바꾼 부틸산(약산)에서는 더욱 싫은, 부패한

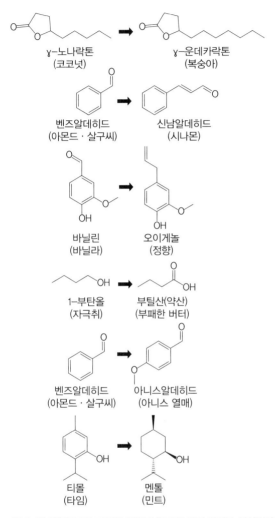

γ-노나락톤
(코코넛)

γ-운데카락톤
(복숭아)

벤즈알데히드
(아몬드 · 살구씨)

신남알데히드
(시나몬)

바닐린
(바닐라)

오이게놀
(정향)

1-부탄올
(자극취)

부틸산(약산)
(부패한 버터)

벤즈알데히드
(아몬드 · 살구씨)

아니스알데히드
(아니스 열매)

티몰
(타임)

멘톨
(민트)

그림 6–14 화학구조의 미세한 변화가 향기의 질적 변화로 이어진다

버터 같은 불쾌한 냄새로 바뀐다.

기능기를 붙이는 것으로도 향이 변화한다. 예를 들면, 벤즈알데히드의 알데히드기 반대쪽에 메톡시기($-OCH_3$)을 붙인 아니스알데히드 향은 살구씨에서 아니스의 과실처럼 바뀐다.

지방족 체인을 방향족 체인으로 바꾸면, 향은 완전히 달라진다. 가령 티몰 벤젠환을 방향환이 아닌 시크로헥산환으로 변경하면 타임 향이 민트 향으로 변신해 버린다. 이 분자는 (−)−멘톨이다.

7장

냄새를 측정하다

냄새 물질의 양과 냄새의 강도

후각뿐만 아니라 모든 감각기관이 외부에서 받는 자극량과 실제로 느끼는 감각의 강도(감각강도)가 늘 정비례하는 것은 아니다. 그 관계는 베버 페히너weber-Fechner의 법칙에서 잘 표현된다. 베버 페히너 법칙이란 냄새의 자극량I(향료의 농도에 대응한다)와 실제로 사람이 느끼는 강도 S(감각강도)의 관계를 다음과 같은 공식으로 표현한다.

$$S = a \times \log I + b$$

a와 b는 냄새 분자마다 특이적으로 결정되는 계수이다. 이 대수식의 특징은 I가 있는 항의 값이 증가할 때 S 역시 그 값에 비례해서 커지지만, 특정 값을 넘어서는 시점부터 S의 상승율이 점점 약해진다는 것이다. 이 법칙을 그림 7-1로 나타냈다. 이 그림으로 우리가 냄새의 강도에 대해 느끼는 여러 특징을 알 수가 있다.

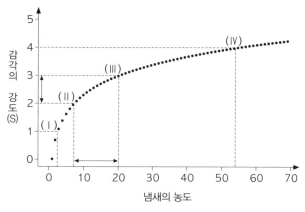

그림 7-1 냄새의 농도와 감강 강도와의 관계

냄새에 대한 우리의 감수성은 다음과 같은 특징을 갖고 있다. 냄새 분자의 양이 지극히 소량만 수용체에 결합하면, 우리는 냄새를 느끼지 못한다.

냄새 분자의 농도가 어떤 값(감지 역치) (I)를 넘어서는 시점부터 우리는 냄새를 느끼기 시작한다. 다만 어떤 냄새인지는 알 수 없다. '냄새가 나는 것 같다' 정도의 느낌이다.

냄새 분자의 농도가 (II) 이상이 되면, 그 냄새가 무엇인지 인식할 수 있다. (II)를 냄새의 인지 역치라고 부른다. (II)의 값이 작은 향기 분자일수록 냄새가 강하다는 의미가 된다.

농도가 (III)에 도달하면 냄새가 강하다고 느끼고, (IV)를 넘으면 매우 강하게 냄새를 느끼기 때문에 종종 그 냄새의 종류를 판별하는 게 곤란해진다.

표 7-1 농도에 따라 향기의 질이 크게 달라지는 분자들

	진하면	묽으면
디메틸설파이드	바다 냄새	바다 냄새와 함께 딸기잼, 연유 같은 향, 야채를 요리하는 냄새
인돌	불쾌한 똥냄새	재스민이나 치자꽃 같은 향기
푸르푸릴메르캅탄	악취	너트류가 타는 향, 커피를 볶을 때 나는 향
데카날	기름 악취	오렌지 과일의 향
알데히드 C-11	기름 냄새	장미 꽃 같은 향
α-이오논	나무 냄새	제비꽃 같은 향
스카톨	똥냄새	청량감 있는 향
γ-노나락톤	코코넛 냄새	프루티, 플로랄 그리고 머스크 같은 향

좋은 향이 아닐 경우, 이 영역이 되면 불쾌감과 혐오감을 느낄 수 있다. 또 (IV) 이후가 되면, 농도를 조금 강하게 해도 냄새 감각의 강도는 거의 변하지 않는다.

향 분자에 따라 베버 페히너 곡선은 변한다. 구체적으로 베버 페히너식의 계수 a와 b가 냄새 분자에 의해 달라진다. 즉 좋은 냄새라고 느끼는 농도영역은 냄새 분자에 따라 달라진다.

우리는 복수의 후각수용체를 갖고 있는데, 특정 냄새 분자가 결합하는 친화성은 수용체에 따라 달라진다. 즉, 특정 냄새 분자와 수용체가 상호작용해 그 냄새가 인식되기 위해서는 최소 농도(역치) 이상의 냄새 분자가 필요하다. 냄새 분자의 농도가 낮은 상태에서는 결합할 수 있는 수용체의 종류가 적어지고, 농도가

높아지면 결합할 수 있는 수용체 종류가 많아진다. 그 결과 저농도에서는 느끼지 못하던 냄새의 질을 고농도에서 느낄 수 있게 된다. 이렇듯 농도에 따라 냄새의 질이 크게 달라지는 분자는 현재까지 몇 종류 알려져 있다. 그 분자들을 정리해서 표 7-1로 소개한다.

농도에 따라 냄새의 질이 확연하게 달라지는 분자들 중 가장 유명한 것은 인돌이다. 인돌은 농도가 높으면 분뇨처럼 불쾌한 냄새이지만, 묽어지면 완전히 달라져 하얀 꽃을 연상시키는 달콤한 향이 된다. 재스민 꽃 안에는 인돌이 함유되어서, 재스민 특유의 개성을 나타내는 데 중요한 역할을 한다.

냄새 측정

냄새는 두 가지 인자로 결정된다. 질과 강도이다. 우리 개개인은 냄새에 대해 저마다 다른 취향과 감수성을 가지고 있다. 따라서 냄새의 질과 강도를 객관적으로 판단하는 건 간단치 않다. 이 점이 바로 '냄새의 과학'이 다른 '감각의 과학'보다 뒤처지게 된 결정적 요인 중 하나이다.

냄새의 질 측정의 어려움

이미 향의 질에 관한 이야기에서도 밝혔듯, 냄새의 질을 정확하게 측정하는 건 쉽지 않다. 흔히 장미 냄새라고 해도, 장미 종류가 너무 많은 탓에 장미다운 척도를 만드는 작업부터 간단치 않다. 또 장미에 함유된 주요 향 성분인 2-페닐에탄올, 시트로넬롤 그리고 제라니올 향의 강도와 장미다움을 관계짓는 문제 역시 어

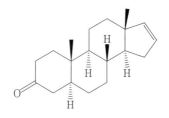

그림 7-2 안드로스테논의 화학구조

렵다. 경험 많은 사람이라면 이들 성분의 차이를 구분해 장미의 개성을 이해할 수 있겠지만, 그것을 객관적인 척도로 표현하는 것은 또 다른 문제다.

여기에 냄새를 느끼는 방식이 사람마다 크게 다르다는 애로점이 있다. 가령 사람의 땀에 들어있는 성분인 안드로스테논(그림 7-2) 분자의 냄새에 대한 느낌은 사람마다 천양지차다. 어떤 사람은 '땀과 소변 같은 불쾌한 냄새'라 말하고, 다른 사람은 '달고 플로 랄한 좋은 향'이라고 느낀다. 그런가 하면 이 분자의 냄새를 전혀 못 맡는 사람도 있다.

색을 느끼지 못하는 색각장애가 있듯, 냄새를 느끼지 못하는 후각장애를 가진 사람도 많다. 게다가 후각장애는 일상생활에 별 다른 지장을 주지 않는다. 따라서 후각장애를 지닌 사람의 비율 이나 장애의 증상이 어느 정도인지 등 자세하게 알려진 것은 거 의 없으며, 대부분 계통적인 연구가 여전히 진행 중인 상황이다.

사과와 배의 향은 과일 향의 대표이다. 그림 7-3은 사과 냄새

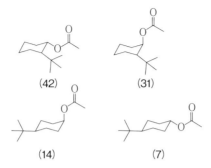

(42)   (31)

(14)   (7)

그림 7-3 사과 향 분자의 과일다움 정도

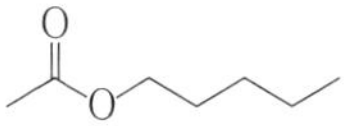

(100) 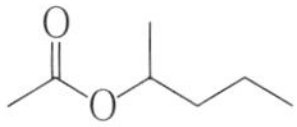   (34)

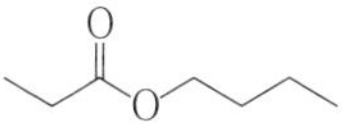

(92) 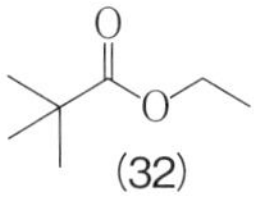   (32)

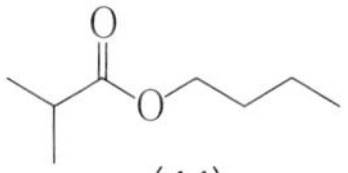

(44) 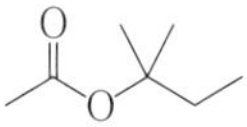   (0)

그림 7-4 배 향 분자의 과일다움 정도

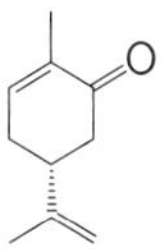

(−)−카르본 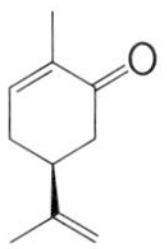   (+)−카르본 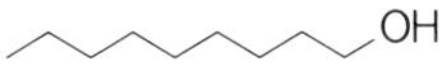   노난올

그림 7-5 카르본의 광학 이성질체와 향기

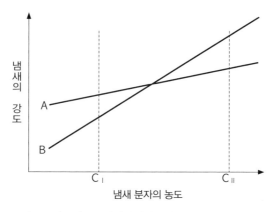

그림 7-6 서로 다른 두가지의 냄새 분자의 농도와 냄새의 강도

가 나는 분자의 '과일다움 정도'를 나타낸 것이다. 괄호 안의 수치는 향의 식별 경험이 풍부한 사람에 의해 판단된 것이다. 한편 그림 7-4는 배의 향을 판단한 것이다. 똑같이 프루티하다고 표현되는 두 과일의 향 분자는 크게 다르다. 또 사과의 향 분자는 보다 촘촘할수록 프루티해지지만, 배의 향은 길게 늘어난 쪽이 더 프루티하게 느껴진다. 즉 사과와 배의 구별은 될지언정, 프루티한 분자의 특징을 표현하기는 매우 어렵다는 뜻이 된다.

그림 7-5에 나타낸 카르본carvone에는 두 가지 광학 이성질체가 있다. (-)-카르본은 스피아민트 향을 갖고 있는데, (+)-카르본은 달면서 살짝 산미가 있는 캐러웨이의 향이 난다. 그런데 (-)-카르본에 시트로넬라유 냄새(레몬과 비슷한 감귤계의 냄새)가 나는 노난올이라는 알코올 더하면 (+)-카르본에 매우 가까운 냄새가

난다. 복수의 분자가 향의 질에 어느 정도 영향을 미치는지 예측하는 것은 현재 단계에서는 불가능하다. 유감스럽게도 경험으로 찾아가는 방법밖에는 없다.

냄새 강도 측정

얼핏 간단해 보이지만, 냄새의 강도를 측정하는 것도 그리 간단치 않다. 그래서 자주 사용하는 것이 앞서 기술한 역치이다. 그림 7-6에 냄새 분자의 농도와 그것으로부터 받는 감각 강도를 두 가지 냄새 분자로 나타냈다. 이 그림에서는 감각 강도를 대수로 표시했다. A와 B의 냄새 분자가 이렇게 다른 성질을 지닌 경우, C_I이라는 농도에서는 A쪽이 B보다 강하게 느껴지지만 C_{II}에서는 B 쪽이 강하게 느껴진다. 즉 분자의 냄새 강도를 절대적으로 결정할 수 없다는 것이다.

냄새를 기계로 측정하다

냄새 측정이 어렵다는 사실을 누누이 설명했다. 그럼에도 어떻게든 객관적으로 측정하기 위해서는 인간이 아닌 기계를 활용할 필요가 있다. 이를 위한 여러 가지 기계들이 고안되고 있다.

이미 가스 크로마토그래피로 아로마정유에 함유된 각종 분자를 분석할 수 있다는 것을 설명했다. 이 가스 크로마토그래피를 활용해 각 성분분자가 어떤 시간(리텐션 타임)에 나타나는지를 구한다. 그런 다음 각 리텐션 타임에 컬럼에서 배출되는 분자의 냄새를 인간이 맡아서, 그 분자의 향 감각정보를 얻는다. 그때, 미리 측정대상 물질을 서로 다른 농도를 지닌 희석용액(가령 희석배율이 2, 22, 23, 24···)을 준비해 두면, 향을 느낄 수 없었던 농도의 이전 희석배율로 그 분자의 냄새 강도를 표현하는 게 가능하다. 이런 장치를 '향미성분 가스 크로마토그래피gas chromate-olfactometer,

그림 7-7 향미성분 가스 크로마토그래피 시스템 Sniffer-900(시마즈제작소)

GC-O'라고 부른다.

그림 7-7은 시마즈제작소가 판매하는 '향미성분 가스 크로마토그래피 시스템'이다. 위쪽의 가스 크로마토그래피 부분에서 냄새 분자를 분리하고, 화살표로 나타낸 곳에서 냄새를 맡는다.

이 장치를 이용한 분석결과(그림 7-8)를 보자. 상단은 가스 크로마토그래피로 얻은 결과이다. 가로축은 리텐션 타임(단위는 분), 세로축은 그 분자의 농도를 나타낸다. 여러 가지 냄새가 섞여 있는데 레몬에 들어있는 리모넨, 비누 향료인 옥타놀, 분변 냄새인 스카톨 그리고 페퍼민트 향인 멘톨의 각 분자에 대해 주목한다. 하단은 냄새를 맡은 실제 실험자가 실시한 감각실험 결과이다.

주목할 점은 스카톨과 리모넨의 냄새이다. 리모넨은 많은 양에 비해 인간이 냄새를 느끼는 강도가 약하다. 한편 스카톨의 경우

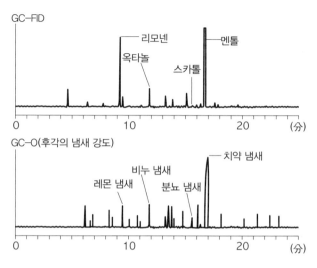

그림 7-8 가스 크로마토그래피를 이용한 향미 성분
(http://www.an.shimadzu.co.jp/prt/snf/snf2.htm)

인간은 극미량에서도 분변 냄새를 강하게 느낀다. 이미 설명했듯이 그 양을 더욱더 미량으로 하면, 스카톨은 달콤하고 좋은 향으로 느껴진다. 이러한 분석법은 향기추출물 희석분석법aroma extract diluteion analysis, AEDA라고도 불린다.

인간의 코 대신 사용되는 각종 센서를 사용한 전자코electronic-nose(약칭 E-nose)라고 한다. 다양한 방식이 있지만 그림 7-9처럼 박막薄膜 센서에 냄새 성분을 흡착시키는 방식이 자주 이용된다. 박막으로는 금속산화물 반도체, 유기 반도체, 수정 발진자 등을 사용한다.

금속산화물 반도체의 경우, 냄새 성분분자가 흡착되면 박막의

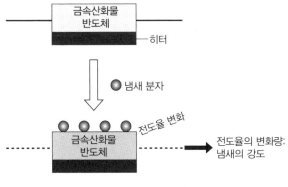

그림 7-9 냄새 센서의 원리

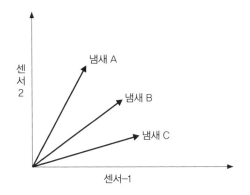

그림 7-10 여러 냄새 센서를 통해 서로 다른 냄새를 판별할 수 있다.

전도율conductivity이 살짝 변화한다. 이를 통해 냄새 분자량(냄새의 강도)을 측정하는 것이다. 이 센서를 냄새 센서라고 하는데, 최근 공기청정기 중에는 냄새 센서를 부착한 제품이 점점 늘고 있다. 이 센서는 비교적 폭이 넓은 질을 가진 냄새를 느끼는 것 같다.

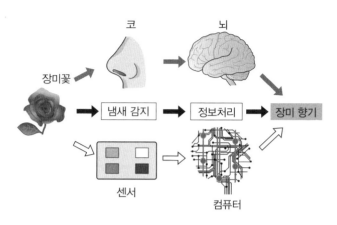

그림 7-11 냄새의 인식 – 인간 대 컴퓨터

　복잡한 냄새를 판단하기 위해 인간은 400종류나 되는 후각수용체를 갖고 있다. 냄새 센서는 이 후각수용체를 모방해 만든 것이다. 하나의 센서로는 판단하기 어려우므로, 어떤 센서를 서로 조합하는가가 양호한 전자코 개발에 있어서 매우 중요한 문제이다. 따라서 복수의 센서를 조합해 냄새 질의 차를 판단하는 시도가 계속되고 있다.

　가령 그림 7-10처럼 같은 강도에서 느껴지는 3개의 냄새를, 성질이 다른 두 개의 냄새 센서로 흡착 정도를 조사한 후 서로 다른 냄새임을 판별할 수 있다.

　이 방법은 매우 효과적이어서 센서 수를 늘릴 경우, 인간처럼 여러 냄새를 느끼고 객관적으로 측정할 수 있겠지만 인간 센서에는 아직 한참 못 미치는 수준이다.

전자코를 통한 냄새 판별과 인간의 냄새 판별 간 대응관계를 그림 7-11로 그려보았다. 여기에는 두 가지 기본과정이 필요하다. 냄새를 감지하는 것, 그리고 이 정보를 종합해 냄새 감각을 만들어내는 것이다. 우선 인간의 후각수용체에 필적할 만큼 뛰어난 센서가 필요하다. 그리고 복수의 센서가 출력하는 정보를 바탕으로 구체적인 향의 질을 판단해낼 수 있는 알고리즘도 필요하다. 센서 개발을 위해 인간 후각수용체의 단백질 자체를 이용하는 방법이 현재 시도되고 있다. 정보처리 알고리즘에는 인공지능 기술이 요긴하게 쓰일 수 있다. 이런 문제를 해결할 수 있다면, 인간의 코에 필적하는(혹은 뛰어넘는) 전자코를 만드는 날이 도래할지도 모른다.

8장

천연 유래 향의 분자

향의 질과 특징을 이해하기 위해서는 화학구조를 아는 게 매우 중요하다. 애석하게도 화학구조를 바탕으로 향의 모든 것을 아는 데까지는 우리 인류의 연구가 나아가지 못한 실정이지만 말이다. 그럼에도 향에 관한 모든 정보가 화학구조에 감추어져 있는 것만은 분명하다.

이번 장에서는 향을 지닌 대표적 분자의 화학구조와 향과의 관계에 대해 간단히 설명할 것이다. 지금까지 화학구조와 향과의 관계에 대해서 깊이 생각해본 적 없는 사람일지라도 이번 장을 읽고 나면 화학구조의 대략적인 특징 및 향과의 관계를 이해할 수 있으리라 본다. 다만 화학을 정말 싫어하는 사람이라면 이번 장을 그냥 흘려버려도 좋다. 두 번째 읽을 때는, 아마도 화학구조에 관한 허들이 훨씬 낮아져 있음을 느낄 것이라고 확신한다.

식물 유래 향의 분자

여기서는 천연 유래 향 분자 몇 가지의 화학적인 특징을 설명하겠다. 우리는 일상생활에서 식물 유래 향 성분을 접할 기회가 매우 많고, 많은 독자가 식물의 아로마정유나 아로마테라피에 관심을 가질 것이라고 여겨진다. 국내에는 여러 단체가 실시하는 아로마테라피스트 자격시험도 있다.

시험에서는 실제로 몇 개의 아로마정유 향을 맡은 뒤 출처를 알아내는 문제가 있다. 그 시험에 출제되는 아로마정유들의 대표적 향 성분 화학구조 특징을 개관해 본다. 지면 사정상 19종류 아로마에 대해서만 거론하기로 한다.

권말 부록에 이들 아로마정유가 함유한 향 분자의 종류와 양에 대해 일러두되, 원칙적으로 전체의 1% 이상인 성분만 표시했다. 이 수치들은 2014년 로버트 티저랜드R. Tisserand와 로드니 영R. Young이 출판한 《Essential Oil Safety: A Guide for Health

Care Professionals》라는 책에서 발췌한 것이다. 성분 비율 범위가 표시되어 있는 것과 표시되지 않은 것이 있는데, 둘 다 대략적인 수치라고 생각하면 된다. 식물에서 추출한 성분은 기후와 토양에 따라 크게 달라지기도 한다. 따라서 수치가 큰 성분이 주요 성분이라고 보면 된다.

● 감귤계류 향(시트러스계 분자)

시트러스계의 향은 감귤류의 신선하고 산뜻한 향이다. 이 향을 가진 분자는 주로 감귤류에 들어있으며, 로즈메리나 카모마일 등에도 소량 포함된다. 여기서는 대표적인 리모넨limonene, 제라니알geranial, 네랄neral, 테르피넨terpinene 그리고 시멘cymene에 대해 설명한다.

(+)-리모넨

오렌지(스위트), 주니퍼베리, 티트리, 페퍼민트, 유칼리, 레몬, 로즈메리, 베르가모트, 프랑킨센스, 네롤리 등에 널리 함유된 시트러스계의 대표적인 향 분자이다. 감귤류에서 얻을 수 있는 아로마정유의 주성분으로, 탄소 및 수소 원자만으로 이루어진 탄화수소 이중결합이 향에 공헌하고 있다. 리모넨 분자 안에는 하나의 비대칭탄소원자가 있어서, 2개의 광학 이성질체가 존재한다. 천연 유래 리모넨의 대부분은 (+)체이다. 비대칭탄소원자의 절대 입체배치를 명기하여 (R)-(+)-리모넨이라고도 부른다. (+)체는 프레시하고 달콤한 시트러스의 향인데 데 반해 광학 이성질체의 (-)체는 소나무나 허브의 냄새가 감도는 테르핀유 향을 가지고 있다. 이중결합의 위치가 다르면 펠란드렌phellandrene 이라는 분자가 되기도 한다.

제라니알과 네랄

이 2개의 분자는 서로 기하 이성질체의 관계에 있다. 양자를 합하여 시트랄citral이라고 부르며 제라니알을 트랜스-시트랄, 네랄을 시스-시트랄이라고 일컫기도 한다. 이 분자는 알데히드기를 가지고 있는데, 알데히드기에는 특유의 향은 없다. 레몬과 레몬그라스에 함유된 시트러스계 향이다. 아로마정유 안에는 이 둘이 혼합되어 존재하지만 제라니알이 주성분이다. 향은 둘 다 레몬 향인 시트러스계이지만, 네랄은 조금 달콤한 느낌이 감돈다.

γ-테르피넨

레몬, 베르가모트, 티트리 그리고 로즈메리 등에 함유되어 허브처럼 느껴지는 시트러스계 향 분자이다. 탄소 원자와 수소 원자만으로 이루어진 탄화수소 이중결합이 향에 기여한다. γ-테르피넨 외에 이중결합의 위치가 다른 α와 β 같은 위치 이성질체가 있다. 그 중 하나인 α-테르피넨은 티트리나 카모마일에 함유되어, 레몬과 비슷하지만 우디한 허브 향을 낸다.

γ-테르피넨

α-테르피넨

p-시멘

벤젠환에 메틸기(-CH$_3$)와 이소프로필기(-CH(CH$_3$)$_2$)가 결합하고 있다. 이 화합물 이름의 머릿글자 p(파라)는 2개의 치환기가 벤젠환의 반대편에 결합하는 것을 나타낸다. 치환기가 붙는 위치에 따라 o-시멘 그리고 m-시멘 2개의 위치 이성질체가 존재할 수 있다. o와 m은 각각 오쏘ortho- 및 메타meta-라고 부른다. p-시멘은 티트리, 유칼리, 로즈메리, 프랑킨센스(유향) 등에 함유되어 있다. 향은 기본적으로는 테르핀유와 유사한데, 우디한 가운데 시트러스한 향이 살짝 섞여 있다.

● 꽃 향(플로랄계 분자)

플로랄계 향 분자는 여러 가지 꽃 향에 함유되어, 달콤하고 화사하며 아름다운 꽃을 연상시키는 것이 특징이다. 그 종류도 풍부하고, 향수 중에서도 높은 빈도로 사용되는 향 분자이다. 여기서는 리날룰linalool, 초산 리나릴linalyl acetate, 초산 벤질benzyl acetate, 제라니올geraniol, 네롤nerol, 시트로넬롤citronellol, 2-페닐에탄올2-phenylethanol, 초산 라반둘릴lavandulyl acetate, 오이게놀eugenol, E, E-파르네솔E, E-farnesol, α-비사보롤α-bisabolol, 벤질알코올benzyl alcohol 그리고 파이톨phytol에 대해서 이야기한다.

리날룰

리날룰은 일랑일랑, 제라니움, 재스민, 네롤리, 장미 등의 꽃뿐만 아니라 라벤더, 로즈메리, 베르가모트, 프랑킨센스 등에도 널리 존재하는 향 분자이다. 하나의 하이드록시기와 2개의 이중결합을 가진 직쇄상 알코올이다. 하나의 비대칭탄소원자를 분자 내에 갖고 있으므로 2개의 광학 이성질체가 존재한다. 오렌지유에는 (+)체가, 레몬유와 라벤더유에는 (-)체가 들어있다. 둘 다 라벤더 향을 나타내는데, (-)체 쪽은 약간 우디하면서 라벤더 향이 강하고, (+)체는 달콤하고, 플로랄하며 프루티그린 같은 느낌이 난다. 어쨌든 은방울꽃처럼 온화하고 플로랄한 느낌의 향을 갖고 있다.

초산 리나릴

이 분자는 리날룰의 하이드록시기와 초산을 탈
수 축합시켜서 얻은 에스테르이다. 리날룰이 비
대칭탄소원자를 갖고 있기 때문에 이 분자에도 2
종의 광학 이성질체가 존재한다. (R)체((−)체)는
녹엽 같은 그린한 향을 갖지만, (S)체((+)체)는 달

콤하고 시트러스 느낌이 나는 라벤더나 베르가모트의 주요 향 성
분으로, 네롤리 등에도 들어있다.

초산 벤질

벤질알코올과 초산을 탈수 축합시켜 얻는 초산 벤질은
에스테르이다. 달콤한 재스민 같은 향을 가진다. 일랑
일랑, 재스민, 치자, 히아신스 꽃은 물론 딸기, 사과 등
과일에도 들어있다.

제라니올과 네롤

제라니올과 네롤은 우측 상단의 이중결합에 의한 기하 이성질체
관계에 있다. 제라니올은 트랜스형이고 네롤은 시스형이다. 둘 다
알코올이며, 하이드록시기와 이중결합해 향에 기여한다. 제라니올
은 달콤한 장미처럼 플로럴하며 얼마간 시트러스한 향을 가진다.
네롤도 달콤한 장미의 향이지만 네롤리와 목련을 연상시킨다. 제
라니올은 제라늄, 장미, 네롤리 등에 들어있다. 네롤은 장미와 네

롤리 등에 들어있다.

제라니올

네롤

시트로넬롤

시트로넬롤은 비대칭탄소원자 및 2개의 광학
이성질체를 가진 알코올이다. 하이드록시기와
이중결합하는 것으로 향에 기여한다. (+)-시트
로넬롤은 장미의 플로랄한 향이 나는 동시에
조금 기름진 느낌이 감도는 향을 갖고 있다. 제

(+)체
(*R*)
OH

라늄, 장미 그리고 시트로넬라에 들어있다. (–)-시트로넬롤은 로
지놀이라고도 불리는데, 제라늄을 연상케 하는 장미의 우아한 향
을 가진다.

2-페닐에탄올

2-페닐에탄올은 –페닐에틸알코올이라고도 부른
다. 그 이름대로 알코올의 일종이며, 벤젠환(기능기
로 부를 때는 페닐기라고 한다)과 하이드록시기가 향에
공헌하고 있다. 이 2-페닐에탄올은 장미 향의 중요

OH

한 성분이다. 특히 장미 앱솔루트의 70% 정도를 차지한다.

초산 라반둘릴

초산 라반둘릴은 라반둘롤이라는 알코올
과 초산이 탈수 축합하여 만들어진 에스테
르이다. 라반둘롤에는 광학 이성질체가 있
는데, 천연에는 (R)체가 많은 것 같다. 초
산 라반둘릴은 라벤더와 베르가모트 같은
향을 가지며, 라벤더 등에 함유되어 있다.

오이게놀

오이게놀은 알코올의 일종으로 하이드록시기,
에테르기, 이중결합 그리고 페닐기를 분자 내에
갖고 있다. 하이드록시기, 메톡시기($-OCH_3$) 그
리고 아릴기($-CH_2-CH=CH_{12}$)의 위치가 다른 위
치 이성질체가 있는데, 오이게놀에서는 그림과
같은 배치이다. 달고 스파이시한 카네이션 같은
향을 가지며 장미, 재스민 등에 들어있다.

E, E-파르네솔

이 분자는 알코올의 일종으로 2개의 이중결합에 대한 트랜스형 기하 이성질체이다. 하이드록시기와 이중결합해 향에 영향을 준다. 은방울꽃과 백합처럼 달고 플로랄하며, 살짝 왁스를 연상시키는 향을 낸다. 장미, 네롤리, 샌들우드, 일랑일랑 등에 들어있다.

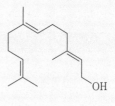

α-비사보롤

하이드록시기, 이중결합, 그리고 시크로헥산환을 가지며 이들이 모두 향에 영향을 준다. 클린하고 후추 같은 풍미를 지니며, 살짝 플로랄한 향을 낸다. 샌들우드, 카모마일(저먼) 등에 들어있다. 분자 내에 2개의 비대칭탄소원자를 가지기 때문에 총 4종류의 광학 이성질체가 존재할 수 있다. 그 중 하나에 (-)-epi-α-비사보롤이라는 분자가 있는데, 세이지나 일부 샌들우드에도 함유돼 있다고 보고되지만 향에 관한 데이터는 지금까지 나오지 않았다. 하이드록시기의 위치 이성질체이지만 천연에는 존재하지 않는다. 레몬처럼 시트러스하며 달콤함이 있는, 중간 강도의 향을 가진다.

벤질알코올

이 분자는 페닐기와 하이드록시기를 가지며, 그 두 가지가 장미를 연상케 하는 발사믹하고 플로랄한 중강도 향에 공헌한다. 페닐기는 벤젠환에 직접 하 이드록시기가 결합된 분자로서, 페놀 같은 향도 지 닌다. 유기화학 실험을 경험한 사람이라면 누구든 이 페놀의 냄새 를 기억하겠지만, 경험이 없는 사람에게 설명하기는 조금 어려울 수 있다. 히아신스 꽃 향을 맡을 때 맨 처음 느껴지는, 자극적이고 플라스틱 유기화합물을 연상시키는 냄새라고 하면 좋을까? 벤질 알코올은 안식향(벤조인)의 주성분 중 하나로, 히아신스 꽃 앱솔루 트의 40%가량이 이 분자이다.

파이톨

파이톨은 직쇄상의 긴 분자이다. 2개의 비대칭탄소원자와 하나의 이중결합을 가지기 때문에 8개의 이성질체가 존재할 수 있는데, 자연에 존재하는 것은 오로지 이 그림에서 나타내는 이성질체이 다. 약하지만 플로랄이며 발사믹한 향을 낸다. 파우더리하고 오일 같은 느낌도 감돈다. 재스민 안에 많이 들어있는데, 파이톨 자체 는 엽록소 분해를 통해 생성되는 분자이다.

● 방향성 수지 같은 단향(발사믹계 분자)

발사믹계의 향은 복잡하여 사람에 따라서 여러 인상을 느낀다.
달고 부드럽고 따뜻함이 감도는 향이다. 여기서는 안식향산 벤질
benzyl benzoate, 바닐린vanillin, 쿠마린coumarin 그리고 계피산cinnamic
acid에 대해 설명한다.

안식향산 벤질

안식향산 벤질은 일랑일랑, 재스민
및 벤조인(안식향)의 중후한 단향에
기여한다. 또한 페루 발삼의 주성분
이다. 이 분자는 안식향산과 벤질알
코올이 탈수 축합하여 만들어진 에스테르이다. 그 향에는 달콤한
발삼 혹은 허브의 분위기가 느껴진다.

바닐린

권말 부록의 아로마정유에는 거의 들어있지 않지
만 바닐라의 달콤하고 크리미하며, 초콜릿을 연
상시키는 중강도의 향을 바닐린이 만들어낸다.
분자 내에는 좋은 냄새에 기여하는 하이드록시
기, 알데히드기, 에테르기 그리고 페닐기가 있다.
바닐린은 바닐라 빈과 발삼 등에 들어있다.

쿠마린

이 역시 권말 부록에는 들어있지 않지만 발
사믹계로 분류되는 분자이다. 벚나무 잎의
향 성분이라는 것은 이미 설명했다. 벤젠환
과 락톤환을 분자 내에 갖고 있다. 달고, 벚꽃 향이나 건초를 연상
시키는 중강도의 향이 있다.

계피산

안식향 등에 들어있는 계피산에는 벤
젠환 밖에 있는 이중결합에 의한 2개
의 기하 이성질체가 존재한다. (E)체는
천연에 존재하는데, (Z)체는 천연에 존
재하지 않는 것 같다. 달콤하고 발사믹한 약한 향을 가지고 있다.

● 약초를 연상시키는 향(허브계 분자)

허브계의 향 분자는 약초를 연상시키는 향을 가진다. 이 책에서
는 대표적인 α-피넨α-pinene, 보르네올borneol, 캠퍼camphor, 그리고
1,8-시네올1,8-cineole에 대해 설명한다.

α-피넨

2개의 비대칭탄소원자를 갖기 때문에, 4종류의 광학 이성질체가
존재할 수 있다. 자연에서는 아래 그림과 같은 2개의 광학 이성질
체만 발견되었다. 이들이 뒤섞여(라세미체라고 한다) 아로마정유 안
에 존재할 수도 있다. α-피넨은 입체적이고 둥근 구조이다. (+)체
는 테르핀유 같고, 아로마틱한 민트 향이 감도는 중강도의 향을
띤다. (−)체는 좀 더 날카롭고 따뜻함이 감돌며 신선한 송진 같은
중강도의 향을 띤다. (+)체와 (−)체를 1:1 혼합(라세미체)하면 향은
한층 강해진다. 프레시하며 장뇌 같은 단향, 송진과 우디가 함께
느껴지는 허브 향이 된다. α-피넨은 주니퍼베리 향의 주성분이며
티트리, 유카리, 레몬, 로즈메리, 베르가모트, 카모마일(로만) 등
많은 아로마정유에 들어있다.

이중결합 위치가 달라진 β-피넨도 자연에 존재한다. 마른 나무의
우디 및 송진과 건초의 냄새, 그리고 그린 분위기의 강한 향을 갖
고 있다. β-피넨도 주니퍼베리, 페퍼민트, 레몬, 로즈메리, 베르
가모트, 프랑킨센스, 네롤리 등 많은 아로마정유에 들어있다.

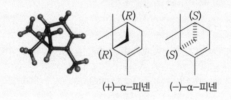

(+)-α-피넨   (−)-α-피넨

보르네올

보르네올에는 비대칭탄소원자가 3개 있으며, 도합 8개의 광학 이성질체가 존재할 가능성을 가진다. 하지만 아래 그림처럼 6원환 내에 마주 보는 탄산 원자를 연결하는 가교 구조를 지니기 때문에, 4개의 광학 이성질체만 존재한다. 천연에는 (−)체와 (+)체가 존재한다. (+)체는 (−)체의 거울상 이성질체이다. 이 분자도 입체적으로 이루어져 있다. 입체구조를 아래 그림으로 나타냈다. 보르네올의 (+)체는 송진과 장뇌 냄새로, 흙 같은(어시) 향이 더해진 중강도의 발사믹 향을 갖고 있다. 한편 (−)체는 송진과 장뇌 그리고 후추 냄새에다 우디함이 더해진 중강도의 발사믹 향을 낸다. 보르네올은 라벤더, 로즈메리, 카모마일(로만) 등에 함유돼 있다. (−)체는 특히 라벤더나 용뇌수에 들어있다. 그래서 보르네올을 용뇌라고도 부른다.

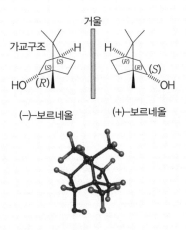

캠퍼

캠퍼는 장뇌를 일컫는다. 장뇌는 예로부터 방충
제로 사용되었다. 캠퍼의 화학구조는 보르네올
과 매우 비슷하다. 캠퍼에는 2개의 비대칭탄소
원자가 있지만, 가교 구조를 갖기 때문에 광학
이성질체는 2종류밖에 없다. 천연 캠퍼는 (+)체
이다. (+)체는 바로 장뇌의 강한 향을 나타낸다.

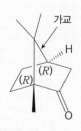

(+)체의 거울상체인 (−)체도 장뇌의 향을 갖지만, 향의 강도는 조
금 약해서 중정도이다. 캠퍼는 로즈메리의 주성분 중 하나이지만,
녹나무가 주요 공급원이다. 라벤더 부류 중 캠퍼를 함유한 것이
있다. 특징적인 향이기 때문에 바로 알 수 있다.

1,8-시네올

1,8-시네올은 유칼립톨이라고도 불리며, 바로
유칼리정유의 주성분이다. 화학구조는 오른쪽
그림과 같이 가교 부분에 산소 원자를 포함하고
있다. 이 에테르 원자와 가교 구조가 향에 공헌
한다. 향은 강하고, 유칼리를 연상케 한다. 더불

어 장뇌 같은 냄새도 풍긴다. 지금까지는 가교 구조를 가짐으로써
장뇌 같은 냄새를 띄는 것들을 나타냈다. 1,8-시네올은 유칼리뿐
만 아니라 로즈메리의 주성분이며 티트리, 페퍼민트 등에도 들어
있다.

● 박하 같은 향(민트계 분자)

민트계 분자는 박하로 대표되는, 신선하고 청량감 있는 향을 가진다. 많은 사람이 명확하게 느낄 수 있는 향 분자이다. 여기서는 멘톨menthol, 멘톤menthone 그리고 초산 멘틸menthyl acetate에 대해서 설명한다. 모든 화합물에 멘스menth라는 글자가 붙는 것으로 알 수 있듯이 서로 매우 닮은 분자이다.

(−)−멘톨

(−)−멘톨은 페퍼민트의 주성분으로 박하의 향이며 거의 모든 사람이 그 향을 인식할 수 있다. 시크로헥산환에 하이드록시기, 이소프로필기 −CH(CH₃)₂ 그리고 메틸기가 결합한 분자로, 3개의 비대칭탄소원자를 가지고 있다. 따라서 8개의 광학 이성질체가 존재할 수 있지만, 페퍼민트 등에는 (−)−멘톨만 존재한다. 향은 강하고 청량감이 있다. 그 광학 이성질체인 (+)−멘톨은 청량감이 없다.

멘톤

(−)멘톨의 하이드록시기가 카보닐기(−C=O)로 바뀐 분자가 (−)−멘톤이다. 비대칭탄소원자가 2개이므로 4개의 광학 이성질체가 존재할 수 있지만, 천연에 존재하는 것은 오직 (−)−멘톤이다. 카보

널기가 들어있는 탓에 향은 중강도로 떨어지고 허브나 장뇌 같은 향이 섞인다. 광학 이성질체인 (+)체도 중강도 민트계 향을 가진다. 멘톤은 페퍼민트의 주성분 중 하나이다.

초산 멘틸

(−)−멘톤과 초산을 탈수 축합하여 얻는 것이 (−)−초산 멘틸이다. 에스테르기가 도입되었기 때문에 페퍼민트 향에 프루티한 향과 장미 같은 플로랄이 더해진다. 비대칭탄소원자가 3개 있어서 8개의 광학 이성질체가 존재할 수 있으나 자연에는 (−)−초산 멘틸만 그대로 존재한다. 이 분자는 페퍼민트에 들어있다.

● 나무의 향(우디계 분자)

우디계 분자는 나무 냄새를 연상케 하는 향을 만들어낸다. 우디계 분자들 중 가장 유명한 β−카리오필렌β-caryophyllene, 게르마크렌 Dgermacrene D, α−산탈롤α-santalol 그리고 사비넨sabinene의 화학적 특징을 설명한다.

β-카리오필렌

β-카리오필렌은 지금까지의 향 분자와
는 매우 다른 구조를 지닌다. 9개의 탄
소원자로 된 환과 4개의 탄소원자로 된
환이 2개의 탄소 원자를 공유(축환縮環)
하고 있다. 2개의 비대칭탄소원자에 의
한 광학 이성과 9원환 내 이중결합 주변
의 기하 이성으로 인해 합계 8개의 이성
질체가 존재할 수 있는데, 천연의 β-카

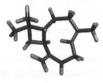

리오필렌은 그림처럼 절대 입체배치와 트랜스(E) 배치라는 복잡한
입체구조를 취하고 있다. 이 입체구조와 이중결합에 β-카리오필
렌 향의 비밀이 있는 듯하다. 이 분자는 다소 달달하고 건조한 우
디 및 스파이시를 느끼게 하는 히말라야 삼나무 같은 중강도 향을
나타낸다. 따라서 스파이시계로 분류되기도 한다. 일랑일랑, 라벤
더, 주니퍼베리, 제라늄, 페퍼민트, 로즈메리, 프랑킨센스 그리고
장미 등 폭넓은 아로마정유에 함유돼 우디한 향에 공헌한다.

게르마크렌 D

이 분자 내에는 하나의 비대칭탄소원자와 2개
의 이중결합이 있어서 도합 8개의 이성질체가
존재할 수 있지만 천연에는 (E)-게르마크렌
D가 존재한다. 게르마크렌 D는 스파이시하고
우디한 중강도의 향을 낸다. 일랑일랑 컴플리

트complet의 주성분은 이 게르마크렌 D이다. 컴플리트란 수증기증류 시 최초부터 끝날 때까지 추출되는 모든 성분을 함유한 아로마 정유를 말한다. 수증기증류의 최초에는 에스테르류가 다량 추출되고 마지막에는 비교적 분자량이 큰 탄화수소가 다량 포함된다. 일랑일랑 외에 주니퍼베리, 제라늄, 페퍼민트 등에도 게르마크렌 D이 들어있다.

α-산탈롤

α-산탈롤은 샌들우드의 주성분이다. 보르네올 같은 가교 환구조 및 리날룰 같은 체인 상태 구조를 함께 갖고 있다. 환구조는 3원환 혹은 분자 안쪽이 휜 구조이다. 직쇄 부분의 이중결합은 트랜스가 아닌 시스 기하 이성질체로 구성돼 있다. 분자 내에는 4개의 비대칭탄소원자

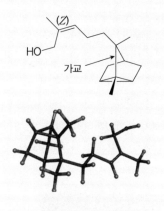

와 하나의 이중결합이 있는데, 32종류의 이성질체가 존재할 수 있지만, 천연에는 위의 그림과 같은 구조가 주로 존재한다. α-산탈롤의 입체구조도 그림으로 나타냈다.

α-산탈롤의 특징적인 환구조와 하이드록시기가 샌들우드의 우디한 향을 만들어낸다. 3원환과 메틸기가 없는 이성질체인 β-산탈롤도 천연에 아주 조금 함유되어 있다. 이성질체의 향 역시 우디

하지만, 샌들우드의 특징적인 향은 없는 것 같다(필자가 직접 맡아 본 적은 없다). 산탈롤은 오직 샌들우드에만 존재하며 이 식물의 특징적인 향에 공헌하고 있다.

사비넨은 2개의 비대칭탄소원자와 4개의 광학 이성질체를 갖고 있는데, 자연적으로 존재하는 것은 그림과 같은 (+)체이다. 가교 및 3원환을 갖고 있으며 중강도의 우디한 향과 스파이시, 시트러스계 냄새를 지닌다. 또 테르핀유나 소나무 향도 연상시킨다. 오렌지(스위트), 주니퍼베리, 베르가모트, 프랑킨센스, 네롤리 등에 들어있다.

● 향신료 같은 향(스파이스계 분자)

스파이스계 분자는 자극적인 향신료와 같은 향을 낸다. 중동 주변국이나 동남아시아 등을 연상시키는 이국적인 분위기다. 일반적으로 아로마정유에 들어있는 스파이시한 분자인 β-미르센β-myrcene, 테르피넨-4-올terpinen-4-ol, 안겔리카산 이소부틸isobutyl angelate에 대해 설명한다.

β-미르센

흔히 쓰는 미르센이라는 명칭은 β-미르센을 가리킨다. 맥주에 사용되는 호프의 냄새 안에서 느껴지는 송진 같은 향이 미르센이다. 이중결합을 여러 개 지닌 탄화수소쇄로 구성돼 있다. 테르핀유와 후추 향을 느끼게 하는 발사믹과 스파이시한 강한 향을 갖고 있으며 오렌지 스위트, 주니퍼베리, 베르가모트, 프랑킨센스, 네롤리, 로즈메리 등에 들어있다. 조장나무, 목련, 편백나무 등에도 함유돼 특유의 향에 공헌한다. 향이 강한 분자이기 때문에 소량이어도 전체 향을 결정하는 데 있어 중요한 역할을 한다.

테르피넨-4-올

이 분자에는 비대칭탄소원자로 인해 2개의 광학 이성질체가 존재할 수 있다. 하지만 천연에서 추출한 시판품에는 그림과 같은 (+)체만 다량 함유돼 있다. 하이드록시기와 이중결합 그리고 비평면적인 6원환이 향 발현에 기여한다. 이 분자는 티트리의 주성분이지만 라벤더, 주니퍼베리, 페퍼민트, 로즈메리, 프랑킨센스, 장미 등에도 들어있다. 후추를 느끼게 하는 단향과 우디하며 어시한 향을 가진다. 구조상으로 추정할 수 있듯 멘톨 향도 느껴진다. 시트러스 향도 함께 갖고 있어서 라일락 향도 난다. 이로 인해 이 분자를 플로랄로 분류하기도 한다. 한편 우디한 향을 강하게 의식하는 사람들은 우디(소나무)로 분류한다. 향의 질을 분류하는 데 어려움을 느끼는 대표적 사례인데, 그만큼 분자 향이 미묘하다는 의미이기도 하다. 향의 세기는 중강도이다.

안겔리카산 이소부틸

이 분자는 안겔리카산과 이소부틸 알코올이 탈수 축합하여 만들어진 에스테르이다. 에스테르와 이중결합이 향에 기여한다. 안겔리카산 이소부틸의 에스테르체는 카모마일(로만)에 함유돼 특징적 향을 발현한다. 향은 중강도이며 허벌, 그린, 스파이시 향을 가진다. 달콤함이 감도는 건 에스테르기가 있기 때문이다. 우디하고, 캐러웨이와 샐러리 같은 느낌도 있다.

카모마일(로만)에는 이 이외에도 안겔리카산 부틸, 안겔리카산3-메틸펜틸 그리고 안겔리카산 이소아밀 같은 안겔리카산의 에스테르가 많이 들어있다. 안겔리카산 부틸에서는 안겔리카산 자체의 스파이시한 향은 억제되며, 대신 프루티한 와인 혹은 장미를 연상케 하는 중강도의 향으로 바뀐다. 안겔리카산3-메틸펜틸은 우디하고 플로랄한 중강도의 향을 가진다. 바로 카모마일 냄새로, 약간 샐러리도 느낌도 난다. 안겔리카산 이소아밀에서는 우디함은 없어지고 카모마일처럼 플로랄하며 프루티한 중강도 향이 된다. 같은 에스테르일지라도 탄소쇄가 바뀌면 향도 크게 달라진다는 사실을 여기서도 알 수 있다. 19종 아로마정유 중에서도 안겔리카산의 에스테르가 카모마일에만 함유된 것 역시 흥미롭다.

● 동물 같은 냄새(애니멀계 분자)

애니멀계 분자는 농도가 높으면 짐승 같은 냄새가 난다. 아로
마정유에는 그리 많이 함유돼 있지 않다. 대표적인 분자는 인돌
indole이다.

인돌

인돌은 지금까지 소개된 분자들과 달리 질소 원
자를 갖고 있다. 또 6원환과 5원환이 축합돼 있
다. 인돌 냄새에 대해서는 이미 설명했다. 묽어질
수록 재스민처럼 좋은 향으로 변한다. 실제로 재스민, 네롤리 등
에 소량 들어있다. 식물 유래 향 분자로 애니멀릭한 향을 가지는
것은 많지 않다.

● 잘 익은 과일의 향(프루티계 분자)

아로마테라피스트 자격시험에 나오는 아로마정유에는 프루티
계 향이 많이 들어있지 않지만, 에스테르류esters, 벤즈알데히드
benzaldehyde, 라즈베리 케톤raspberry ketone, γ-데카락톤benzaldehyde
등 좋은 향의 대표라 할 프루티계 분자 몇 종류를 설명한다.

초산 에틸ethyl acetate은 파인애플에 들어 있고 일본 술이나 와인에도 들어있는 에스테르로, 에틸알코올과 초산을 탈수 축합하여 얻는다. 향은 강하고 달콤하며 프루티하면서 에테르 약품 같은 냄새가 코를 찌른다. 풀처럼 그린한 느낌도 있다. 초산 에틸은 매니큐어 제광액으로도 사용된다.

초산 에틸

초산 부틸butyl acetate은 사과나 포도 등 과일에 있는 향기 성분으로, 초산과 부틸 알코올이 반응해서 생긴다. 초산 부틸 역시 강하고 바나나 같은, 프루티한 향을 가진

초산 부틸

초산 이소아밀

부티르산 에틸

다. 한편으로 소위 유기용매 같은 에테르 냄새도 난다.

초산 이소아밀isoamyl acetate은 바나나, 사과, 포도 등 과일에 들어 있다. 달고 신선한 바나나와 같은 과일 향이 강하다. 희석하면 배 같은 향이 느껴진다.

부티르산 에틸ethyl butyrate은 과일과 발효식품에 함유된 향 분자이다. 강렬한 프루티 향을 가진다. 파인애플, 프루츠주스, 코냑 같은 향도 감돈다. 탄소 수가 그다지 많지 않은 유기산 에테르는 일반적으로 강한 프루티한 향을 가진다.

벤즈알데히드

아몬드나 살구씨에 들어있는 이 분자는 벤젠환과 알 데히드기를 가지고, 강하며 달콤한 향을 낸다. 아몬 드나 앵두가 연상되는 향이다.

라즈베리 케톤

라즈베리에 함유된 이 분자는 하이드록시기, 케톤 기, 그리고 페닐기를 가지며 이들 기능기가 분자 향 에 기여한다. 향은 중강도이다. 달고 잘 익은 라즈 베리 향이 있다. 잼처럼 달콤한 향과 플로랄함도 살 짝 난다.

γ - 데카락톤

락톤은 환 내에 에스테르기를 가진 화합물이다. 이 분자는 5원환 의 락톤을 지닌 6개 탄소원자로 이루어진 탄소원자쇄를 가진다. 복숭아나 망고 등 과일에 이 분자가 존재한다. 향은 중강도지만, 신선하고 프루티한 느낌이다. 복숭아, 살구 그리고 코코넛의 크리 미한 단향도 연상된다.

동물 유래 향의 분자

동물 유래 향은 4종류밖에 없다는 사실을 앞서 언급했다. 여기에 함유된 대표적인 향 분자는 다음과 같다.

스카톨skatole

스카톨은 시벳(사향고양이)에 들어있는 향 분자이다. 실은 녹차에도 아주 미량 함유돼 풍미에 기여한다. 화학구조는 인돌과 거의 같아서 메틸기(CH_3)가 하나 증가할 뿐이다. 'Skatole'이라는 단어는 그리이스어로 '똥'을 의미하는 skato에서 왔다. 포유류의 분뇨처럼 아주 강한 냄새를 풍기지만, 이를 희석하면 재스민 같은 플로랄한 향으로 변신한다.

시베톤 civetone

시베톤은 시벳에 들어있는 향의 주성분
(2~3%)이다. 이 분자는 지금까지 소개된
향 분자와는 매우 다른 화학구조를 하고
있다. 탄소 17개로 구성된 큰 환구조로,
그 중 하나가 이중결합하고, 1개의 케톤
기를 갖는다. 이중결합의 경우, 시스의
입체배치를 취한다. 분자는 평면적이지
않고 옆의 그림과 같이 주름이 진 듯한
요철 구조이다. 농도가 높으면 강력한 동
물적 악취인 데 반해 1% 이하로 희석하
면 사향의 향이 난다. 투명하고 달고 건
조한 분위기가 있다.

앰브록사이드 ambroxide

향유고래가 만드는 앰버그리스의 주요
향 성분 중 하나이다. 화학구조는 3개의
환이 축합한 것으로, 환 내에 1개의 에테
르기를 가지고 있다. 비대칭탄소원자가
4개이므로 16개의 광학 이성질체가 존재
할 수 있지만 천연 분자는 그림과 같은
절대 입체배치로, 수소 원자가 분자표면
을 감싸는 듯한 입체구조이다. 식물 유래

향 분자와 크게 다른 특징이 한눈에 드러난다. 송진의 향이 강하게 나며, 달고 우디하다. 키스투스나 소나무, 고사리 같은 향도 느껴진다.

머스콘muscone

이 분자는 사향노루 유래 천연 머스크(사향)의 주성분이다. 머스콘에는 하나의 비대칭탄소원자가 있으므로 2개의 광학 이성질체가 존재할 수 있지만, 천연에 존재하는 것은 (R)체이다. 시베톤처럼 15개의 탄소원자로 구성된 대환상 화합물이며 하나의 케톤기를 갖는다. 시베톤과 달리 이 중결합은 없다. 다만 분자 전체의 특징은 시베톤과 매우 닮아있는데, 이 점이 공통의 향 특징에 공헌하는 것만은 명확하다. 매우 강한 머스크 향을 지닌다. 0.1% 이하 용액으로 희석할 때 머스크의 좋은 향이 되지만 농도가 그 이상으로 높아지면 심한 악취로 변한다. 그림으로 알 수 있듯이 시베톤과 흡사한 입체구조이다.

해리향castoreum에 들어있는 분자

해리에 함유된 분자는 20종류 이상 보고되었지만, 향을 특징지어주는 분자가 과연 무엇인지는 명확하게 알려지지 않았다. 다만 해리 성분분자 중 하나인 4-에틸페놀 4-ethylphenol은 훈연한(스모키한) 듯 강렬한 냄새를 낸다. 우디하고 페놀 같은 약품 냄새 한편으로 해리 향의 특징적인 단향도 느껴진다. 아세트페논 acetophenone도 해리 성분분자 중 하나로, 아카시아와 오미자 꽃처럼 강렬한 단향을 낸다. 또 바닐라 느낌의 단향이 나는 아세트아니솔도 함유돼 있는데, 현재는 이 분자가 과거의 해리향을 대체하는 바닐라 향료로서 아이스크림 등 식품에 사용된다. 이 사례로도 알 수 있듯이, 21세기가 20년이나 훌쩍 지난 현재까지 향의 원인분자에 관한 연구는 진행 중이다. 해리향의 성분분자는 다른 동물성 향 분자와 크게 다르다. 동물 유래이지만 섭취한 식물 유래 분자가 향에서 높은 비중을 차지한다.

아세트페논   4-에틸페놀

아세트아니솔

9장

천연향료에서
합성향료로

예전에 향 분자 공급원은 오직 식물이었다. 식물에서 얻을 수 없는 독특한 향은 동물에서 얻었다. 그러나 천연물에서 향료를 얻는 것은 매우 어려운 작업이었다. 가령 재스민에서 향료를 얻으려면 새벽에 꽃을 따야 하고, 꽃 1kg당 단지 1g의 앱솔루트만 얻을 수 있었다. 꽃 1kg은 약 2만 개에 해당하는 양이다. 동물 유래 향료 중 용연향은 우연히 발견되는 일이 많고, 쉽사리 손에 넣을 수도 없었다. 사향 역시 희소동물에게서 얻는 것으로, 쉽게 구할 수 없기는 마찬가지였다. 이렇듯 귀한 향료를 자유롭게 사용하는 게 인간의 소망 중 하나였다.

한편 유기화학의 한 분야로 천연물화학이 있다. 천연에 존재하는 각종 자원의 화학적 구조를 연구하는 분야이다. 우리는 천연물화학 분야를 선도해왔다. 2015년 노벨 생리학·의학상을 수상한 오무라 사토시 교수가 대표적 연구자 중 한 명이다. 천연물화학에서는 우선 자연물에 함유된 분자를 순수한 형태로 추출해 어떤 화학구조를 갖는지 연구한다. 향 분자 구조를 알아내는 방법을 앞서 설명했는데, 바로 이런 방법들이 천연물화학 발전과 함께 진화해 왔다고 해도 과언이 아니다.

분자 화학구조는 여러 스펙트럼을 통해 파악되는데, 최종적으로 동일한 분자를 화학적으로 합성해 그것이 천연에서 추출한 분자와 일치하는지를 확인한다. 다시 말해 천연에 의존하는 분자를 순수하게 합성화학적으로 합성하는 것을 의미하며, 이를 전합성全合成이라고 부르기도 한다. 반면 생물체의 체내에서 분자를 합성하는 것을 생합성生合成이라고 한다.

즉 각종 향 분자의 인공적 합성은 천연물화학에서 매우 중요하고 결정적이라 할 전합성 연구 덕에 가능해졌다. 응용 천연물화학은 향 분자 연구를 넘어 약품 연구 및 신약 개발에도 결정적인 기여를 했다. 오늘날 사용되는 많은 약은 기본적으로 천연물화학 발전을 통해 이루어졌다고 말해도 과언이 아니다. 유기화학, 특히 천연물화학이 비약적으로 발전하면서 인류는 희소성 있는 향 분자를 인공적으로 만들 수 있게 되었으며, 많은 사람이 향을 즐기고 활용할 수 있는 길이 열렸다. 현재 인간 삶의 질 Quality of life, QOL 향상에 지대한 공헌을 하는 '좋은 향' 대부분이 화학자들의 꾸준한 노력과 연구 성과물인 셈이다.

자연에서는 이 책에서 다 거론할 수 없을 정도로 많은 향의 분자가 발견되었다. 그러나 존재 가능한 모든 향 분자 구조가 천연에 있는 것은 아니다. 천연에는 존재하지 않지만, 우리를 매우 기분 좋게 해주는 향 분자 구조는 많다. 천연에 존재하는 분자를 연구하고, 그 분자들을 새로운 구조로 합성해 전혀 다른 향을 만들어내는 일은 천연향료를 채취하거나 디자인하는 것 이상으로 매력적일 터이다. 이를 가능하게 해준 것이 유기합성화학의 발전이었다. 향수는 화려한 패션산업의 일부이지만, 그것을 지탱해주는 토대는 바로 문외한에게 지루하게 여겨질 유기합성화학 실험실인 셈이다.

이번 장에서는 몇 가지 합성향료 분자 및 그 분자들이 어떻게 합성되는지에 대해 간단하게 이야기하려 한다. '화학반응은 아무래도 어려워' 하는 독자도 적지 않겠지만, 최종적으로 만들어진 향 분자가 얼마나 단순한 원료들로 구성되는지 아는 것만으로 충분하다. 물론 분자가 합성되는 과정의 묘미를 이해하며 '과연!' 하고 감탄사를 내뱉는다면 더 좋겠지만 말이다.

최초로 합성된 좋은 향의 분자
― 니트로벤젠

원하는 향 분자의 화학구조만 알면 그 분자를 합성하는 것이 가능하다. 간단한 분자라면 화학을 막 배운 대학생이라도 합성할 수 있다. 잘 건조한 초산과 에틸알코올 혼합물이 염화수소(HCl) 가스를 머금으면, 탈수 축합이 일어나면서 프루츠의 단향을 가진 초산 에틸이 만들어진다(그림 9-1). 염산은 에스테르화 반응의 촉매로 기능한다.

 머스터드(겨자과에 속하는 1~2년생 식물)는 초산 에틸을 함유하고 있는데, 고작 4% 정도이다. 따라서 천연 머스터드에서 초산 에틸을 추출하려고 한다면 대량의 머스터드가 필요하므로 당연히 가격이 비싸진다. 그러나 초산도 에틸알코올도 손쉽게 대량 합성할 수 있으니, 이 두 합성물을 이용해 초산 에틸을 저렴하게 만들어내는 게 가능하다. 일반적으로 유기산 에스테르 합성은

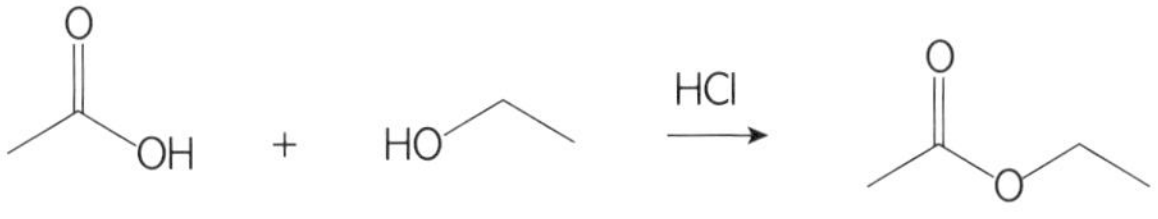

초산   에틸알코올   초산 에틸

그림 9-1 초산 에틸 합성 과정

수월하므로 많은 유기산 에스테르(프루티, 플로랄한 향을 가진다)는
합성으로 만들어진다.

맨 처음 화학 합성된 향 분자는 니트로벤젠(그림 9-2)이라고 알
려져 있다. 1834년 독일의 미첼리히Eilhard Mitscherlich가 황산과 질
산을 이용해 벤젠을 니트로화함으로써 물에 녹지 않는 황색 기름
상태의 니트로벤젠을 얻었다.

니트로벤젠은 아몬드 같은 단향을 낸다. 전형적으로 아로마
틱한 향을 가지지만, 발암성이 있어서 향료로는 사용할 수 없다.
그림 9-2에는 니트로벤젠 합성법도 그려두었다. 질산(HNO_3)과
황산(H_2SO_4)이 우선 반응해(I), 니트로늄 이온(NO_2^+)이 만들어진
다. 이 이온이 벤젠환과 반응한다(II). 중간상태에서 만들어지는
*표시 분자는 불안정하여, 수소이온(H^+)이 떨어지면서 안정적인
니트로벤젠이 된다. 떨어진 수소이온은 황산수소 이온(HSO_4^-)과
반응해 황산으로 돌아간다. 이 반응은 유기합성화학의 기본으로,
대학에서 화학을 배운 적 있는 사람이라면 누구나 간단하게 실행
할 수 있다.

$$HNO_3 + 2H_2SO_4 \longrightarrow NO_2^+ + H_3O^+ + 2HSO_4^-$$

(II)

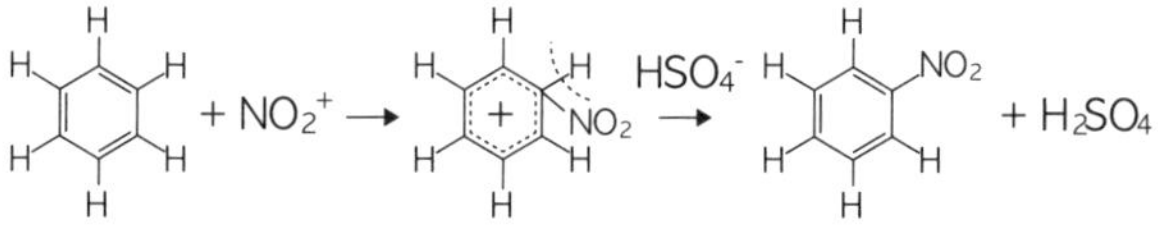

$$+ NO_2^+ \longrightarrow \quad [*] \quad HSO_4^- \longrightarrow \quad 니트로벤젠 \quad + H_2SO_4$$

그림 9-2 니트로벤젠 합성 과정

　　앞서 푸제르 계열의 향수를 이야기했다. 이 향수의 핵심이 되는 향 분자는 쿠마린이다. 쿠마린은 19세기 중반까지 유럽에서는 오로지 통카빈에서만 추출하는 귀중한 향료였다. 그러던 1868년, 영국의 윌리엄 퍼킨William Henry Perkin이라는 유기화학자가 쿠마린의 공업적 합성법을 확립했다. 저렴하게 쿠마린을 사용할 수 있는 길이 열린 것이다. 1876년 시장에 나온 쿠마린 향은 프랑스 향수 제조사 우비강Houbigant의 창시자인 장 프랑수아 우비강 Jean-Francois Houbigant을 매료시켰다. 그는 이 쿠마린 향을 오크모스, 제라늄, 베르가모트와 조합해 완전히 새로운 느낌을 지닌 매력적인 향을 창출해냈다. 이것이 저 유명한 푸제르 루아얄Fougere Royale이라는 향수이다. 1882년에 처음 발매한 이 제품이 현재까지 향수의 귀중한 조류로 평가되는 푸제르 계열의 시작이다. 즉 현대적인 향수는 쿠마린과 함께 탄생했다고 봐도 무방하다.

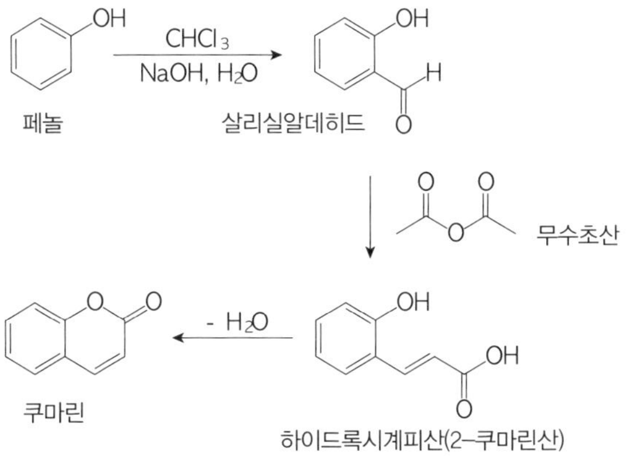

그림 9-3 쿠마린 합성 과정

쿠마린 합성 출발 물질은 벤젠환에 1개의 하이드록시기가 결합한 페놀이다. 반응은 크게 3단계로 나뉜다(그림 9-3). 페놀에 클로로포름(CHCl₃)과 강염기인 수산화나트륨(NaOH) 또는 수산화칼륨(KOH)을 작용시킨다. 이것을 라이머 티만Reimer-Tiemann반응이라 부른다. 페놀은 살리실알데히드에 무수초산을 반응시켜 하이드록시계피산(2-쿠마린산)을 만든다. 이것이 퍼킨Perkin반응이다. 이렇게 생성된 2-쿠마린산은 분자 내에서 탈수반응해 에스테르를 만든다. 이것이 바로 쿠마린이다.

천연 유래 향 분자의 합성

라벤더의 편안한 향 — 리날룰

지금까지 여러 번 등장한 리날룰은 수많은 향수와 오드뚜왈렛 그리고 오데코롱에 사용되고 있다. 라벤더의 편안한 향으로, 많은 사람에게 사랑받는 향 분자이다.

리날룰 합성법 중 하나를 그림 9-4(A)에 나타냈다. 메틸헵테논(I)이라는 분자 내에 1개의 이중결합과 카보닐기($-C=O$)를 가진 분자를 원료로 한다. 여기에 나트륨아세틸리드를 반응시킨다. 그러면 카보닐기가 하이드록시기로 바뀌는 동시에 에티닐기, 알카인기($-C\equiv CH$)가 (II)처럼 결합한다. 이 분자를 촉매를 이용해 선택적으로 환원하는 것으로, 삼중결합이 이중결합으로 변하며 리날룰(III)을 얻을 수 있다. 그림 9-4(A)를 보면 이것으로 문제가 끝난 듯하다.

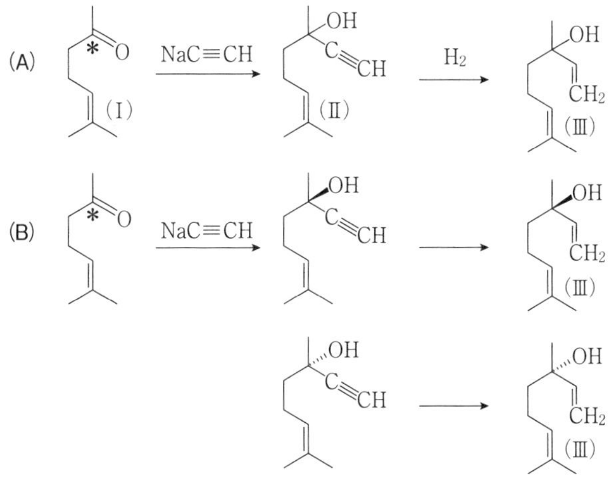

그림 9-4 리날룰 합성

그런데 리날룰에는 하나의 비대칭탄소원자가 있어서 2종류의
광학 이성질체를 얻을 가능성이 존재한다. 그렇다면 이 방법을
통해 만들 수 있는 것은 (+)체일까, 아니면 (-)체일까? 메틸헵테
논에는 비대칭탄소원자가 없지만, (II)가 되면 비대칭 중심이 생
겨난다. 그러나 *표시를 한 탄소 원자에 에티닐기, 알카인기(-C≡
CH)가 지면의 위쪽이나 아래쪽에서 결합할 확률은 반반이다. 즉
이 단계에서는 그림 9-4(B)처럼 2개의 광학 이성질체가 같은 확
률로 발생한다. 따라서 그림 9-4(A)의 (III)은 둘 중 하나가 아니
라, 그림 9-4(B)의 (III)처럼 두 가지 광학 이성질체, 즉 (+)체와
(-)체의 혼합물이 되어 버린다.

그렇다면, (+)체와 (-)체는 어떻게 구별할 수 있을까? 양자는

원자 조성이 완전히 같고, 기능기의 수도 같다. 5장에서 설명한 서로 다른 분자 식별법을 이용해도 이 둘을 구별하는 건 기본적으로 불가능하다. 유일하게 이 둘이 큰 다른 차이를 보이는 것이 선광도이다. 보통의 빛은 사방으로 진동하는 빛이 혼합된 것이다. 이 빛을 특정 방향으로 진동하는 빛만 통과시키고 다른 성분은 흡수하거나 반사해 버리는 필터(편광판)로 걸러내면, 진동 방향이 가지런히 정돈된 빛, 즉 편광을 얻을 수 있다.

광학활성이 없는 분자를 가진 용액에 편광을 비춰도 편광의 진동 방향은 바뀌지 않는다. 그러나 광학활성 분자를 가진 용액에 편광을 비추면, 빛의 진동 방향이 변화(회전)한다. 진동 방향의 굴절 각도는 그 분자 특유의 값을 나타낸다. (+)-리날룰은 편광을 비추는 방향에 대하여 우측(+측)으로 약 20도 꺾인다. 한편 (−)-리날룰은 좌측(−측)으로 약 20도 꺾인다. 이 값을 선광도라 하며, (−)-리날룰의 선광도는 약 −20도라고 표현한다. 그림 9−4(A)의 합성법을 사용하면 2종의 광학 이성질체가 거의 1:1로 혼합되었으므로 선광도는 0도 부근이다. 합성 조건에 따른 오차를 감안할 때, 실제 선광도는 −2∼+2도 값이다.

이렇듯 여러 합성법을 통해 얻을 수 있는 것들은 광학 이성질체의 혼합물이 대부분이다. 리날룰의 경우 (−)체 향이 좀 더 좋지만, (+)체도 나쁜 향은 아니다. 따라서 1:1 혼합 리날룰이 많이 판매된다. 그러나 (−)체만을 사용하고 싶을 때는, 이 혼합물을 2

개의 광학 이성질체로 분리할 필요가 있다. 이처럼 혼합된 광학 이성질체를 따로 나누는 것을 광학분할이라고 한다. 향 분자뿐만 아니라, 광학활성 의약 분자를 제조할 때에도 광학분할 방법은 매우 중요하다. 의약 분자의 경우, 특정 광학 이성질체는 약으로서 기능하지 못하는 수준에 그치지 않고 독성을 갖는 문제까지 발생한다.

광학분할을 상세히 언급하는 것은 이 책의 주제의식을 넘어선다. 따라서 꼭 필요하다고 여겨지는 하나의 방법만을 소개하기로 한다.

앞서 크로마토그래피에 대해 이야기했다. 크로마토그래피에서는 분자를 특정 물질에 흡착시킨 뒤 그 물질을 씻어낸다. 분자를 흡착하는 물질(단체)을 튜브나 관에 채워 넣는데 이를 컬럼이라고 한다. 컬럼의 흡착물들은 분자 성질에 따라 흡착 강도가 달라진다. 즉 컬럼에서 빨리 녹아나는 분자와 더디게 녹아나는 분자를 분리할 수가 있다. 가령 컬럼에 광학활성 물질을 사용하면 (+)이성질체와 (−)이성질체는 흡착하는 모양새부터 다르다. 컬럼에 사용하는 분자를 '손', 흡착하는 분자를 '장갑'에 비유하면 이해하기 쉬울 것이다. 여기서는 오른손만으로 이루어진 컬럼을 생각해 보자. 그리고 흡착하는 분자를 오른손 장갑과 왼손 장갑의 혼합물이라고 하자. 오른손 장갑은 오른손에 쏙 들어가지만 왼손 장갑

리날룰

(−) (+)

30 (분)

그림 9-5 광학활성 컬럼을 이용한 크로마토그래피에 의한 (+)-리날룰과 (−)-리날룰의 분리. 세로축이 강도, 가로축이 리텐션 타임(분)을 나타낸다.

은 들어가지 않는다. 이 상태에서 강한 바람을 쐬어 주면, 들어가지 않던 왼손 장갑이 바람에 날려 떨어진다. 바람의 양을 계속 증가시키면 오른손 장갑이 벗겨져 날아갈 수도 있다. 이런 식으로 오른손 장갑과 왼손 장갑을 분리할 수 있다. 오른손으로만 이루어진 컬럼을 키랄 컬럼chiral column이라고 한다.

시크로덱스트린이라는 광학활성 분자 등이 실제로 키랄 컬럼에 사용된다. 그림 9-5는 실제 이 방법으로 리날룰을 분리하는 모습을 나타낸다. 이렇게 분리할 수는 있지만, 비용이 많이 들어서 순수한 광학 이성질체는 라세미체(광학 이성질체의 혼합물)보다 고가에 판매된다.

페퍼민트의 향 — 멘톨

멘톨에는 3개의 비대칭탄소원자가 있으므로, 8개의 광학 이성질체가 존재할 수 있다. 그런데 리날룰처럼 가능한 모든 이성질체의 혼합물이 합성되어 버리면 큰일이다. 유기화학자들은 특정 광학 이성질체만을 선택적으로 합성하는 방법을 알아내기 위해 오랜 시간 투자했다. 이는 유기화학 영역에서 가장 도전적인 연구 중 하나였다. 8종류의 멘톨 광학 이성질체 중 수요가 가장 많은 (−)−멘톨 분자를 합성하기 위한 연구가 여러 학자에 의해 이루어졌다.

그들 중 하나가 일본 다카사고 향료공업(주)의 연구진이었다. 이 회사는 연간 2,000톤이 넘는 (−)−멘톨을 제조한다. (−)−멘톨은 합성향료 중에서도 생산량이 가장 많다. 이 방법의 원리는 2001년 노벨화학상을 수상한 노요리 료지 교수에 의해 발견되었다. 그 합성법의 개요를 그림 9−6으로 설명했다.

이 합성법은 β−피넨을 원료로 한다. β−피넨을 열로 분해하면 미르센이 만들어진다. 미르센에는 비대칭탄소원자가 없다. 염기 (리튬 디에틸아미드(Et_2NLi)) 존재 아래 미르센에 디에틸아민(Et_2NH)를 결합한다. 여기서 얻는 분자 N,N−디에틸제라니아민에는 아직 비대칭탄소원자가 들어있지 않다. 이후 반응이 중요하다. N,N−디에틸제라니아민에 노요리 교수가 개발한 로지움(S)−(−)−

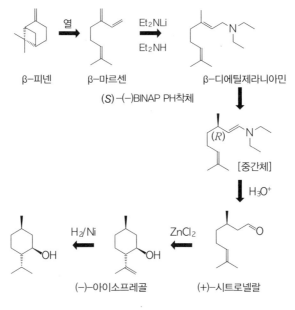

β-피넨   β-마르센   β-디에틸제라니아민

(S)-(−)BINAP PH착체

[중간체]

H₃O⁺

(−)-아이소프레골   (+)-시트로넬랄

그림 9-6 (−)-멘톨 합성(비대칭합성)

BINAP복합체(그림 9-7)를 작용시키면, 이중결합의 위치가 바뀐다(이성화한다). 이제 (S)-(−)-BINAP가 광학활성이기 때문에 메틸기의 근원이 되는 탄소 원자에 결합하는 수소 원자는 한쪽 면에만 결합할 수 있게 된다.

이 그림에서 수소 원자는 지면의 하단에만 결합한다. 따라서 생성 중간체의 탄소 원자 배치는 (R)이 된다. 즉 원하는 입체배치를 가진 비대칭탄소원자가 도입된다. 이 중간체를 가수분해하면, (+)-시트로넬랄을 얻을 수 있다. (+)-시트로넬랄을 루이스산 촉

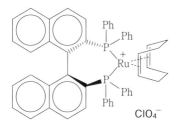

그림 9-7 (−)-멘톨 비대칭합성에 이용된 (S)-(−)-BINAP Rh착체 화학구조. 왼쪽 4개의 6원환 및 Ph는 벤젠환을 나타내며, P는 인 원자를 나타낸다. Ru(루테늄) 원자는 우측 8원환(시크로옥타젠)의 2개 이중결합에도 배위결합하고 있다(점선). ClO_4^-는 이 착체가 과염소산염임을 나타낸다.

매($ZnCl_2$)로 처리하면 6원환이 되고, (−)-아이소프레골이 생긴다. 이때 새롭게 만들어지는 2개의 부제중심은 100% (+)-아이소프레골의 배치를 취한다. (−)아이소프레골에 수소 원자를 부가하는 (환원하는) 것으로 100% 순수한 (−)-멘톨이 만들어진다. 이 방법은 유기화학의 지식을 구사한 뛰어난 합성으로 8종류의 가능성 중에서 1개의 광학 이성질체를 선택적으로 만드는 것에 성공한 전형적인 사례이다.

반복적인 이야기가 되는데, 이 반응의 핵심은 (S)-(−)-BINAP라는 광학활성 분자를 이용하는 것이다. 이 마법 같은 시약이 원자 수준에서 식별을 도와준다. 화학에 대한 이해가 깊어지면, 우리의 눈에 보이지 않는 분자의 세계까지도 생각할 수 있게 된다. (−)-멘톨의 선택적 합성은 화학이 결코 지루한 학문이 아니라, 매우 창조적이며 자극적인 활동임을 증명주는 좋은 사례이다.

천연 유래 향 분자에서
인공 향 분자로

사향 대체품 — 머스크 케톤

머스크(사향)는 오래전부터 귀중한 향이었으므로, 이를 인공적으로 합성하려는 연구는 18세기부터 시작되었다. 1759년 마르크그라프Markgraf라는 독일 화학자가 호박유amber oil를 니트로화하던 중, 머스크 같은 향을 지닌 물질이 만들어졌다는 사실을 발견했다. 하지만 그 물질이 무엇인지 알지 못한 탓에 이 발견은 곧장 실용화되지 못했다.

1988년 화약 연구를 하던 바우어Baur는 트리니트로토르엔(TNT 화약, 그림 9-8)을 t−부틸화(−C(CH$_3$)$_3$)해 얻은 화합물이 달콤하고 기분 좋은 머스크 냄새를 갖는다는 사실을 우연히 발견했다. 이것이 바로 머스크 바우어(그림 9-8)이다. 사향노루의 최고급품이 통킨(현재의 베트남 북부)으로부터 수입되는 까닭에, 당시 최고급

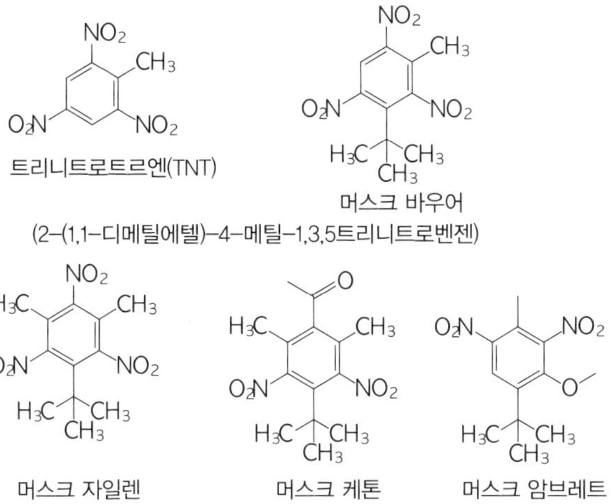

트리니트로트르엔(TNT)

머스크 바우어
(2-(1,1-디메틸에텔)-4-메틸-1,3,5트리니트로벤젠)

머스크 자일렌

머스크 케톤

머스크 암브레트

그림 9-8 니트로머스크의 화학구조

머스크를 통킨머스크라고 불렀다. 그 머스크와 유사한 향을 가졌다고 해서, 머스크 바우어는 통킨놀이라는 명칭으로도 통용됐다. 바우어는 이 발견에 고무돼 유사한 화학구조를 가진 화합물을 계속해서 합성했다. 머스크 자일렌, 머스크 케톤, 그리고 머스크 암브레트(그림 9-8) 등이 그것이다. 머스크 케톤은 천연 사향에 가장 가까운 향을 가지고 있다고 한다. 인도 원산지인 식물 암브레트는 사향과 유사한 향이 나서 사향 대체품으로 사용돼왔다. 머스크 암브레트는 암브레트 종자를 연상케 하는 향을 낸다. 이런 화합물들이 모두 니트로기(-NO2)를 가진 까닭에 '니트로머스크'라고 총칭한다.

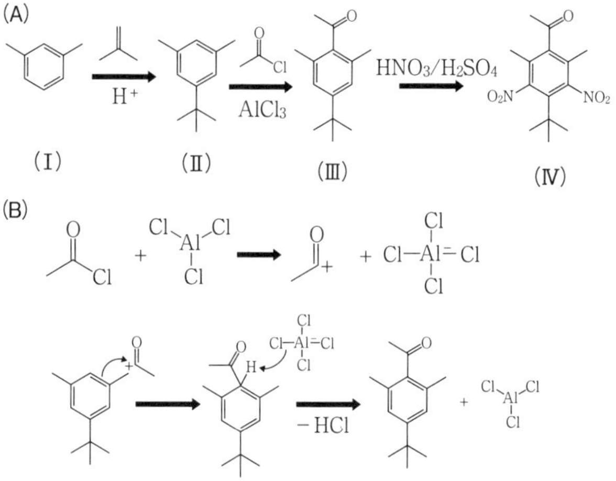

그림 9-9 머스크 케톤 합성

　머스크 케톤 합성과정을 그림 9-9(A)로 나타냈다. 벤젠환에 메틸기가 2개 결합한 m-자일렌을 반응시키면, 메틸기의 메타에 t-부틸기가 도입된다(III). 거기에 프리델-크래프츠 반응이라는 유명한 반응을 이용하면, 2개의 메틸기의 사이에 아실기(-C(=O)CH₃)가 추가된다(III). 이 반응에서는 (B)와 같이 염화알루미늄(AlCl₃)과 염화아세틸이 우선 반응해 생성된 이온(CH₃CO⁺)과의 반응과정이 열쇠가 된다. 마지막으로 질산과 황산을 사용해 비워진 2군데에 니트로기를 넣으면, 머스크 케톤(IV)이 만들어진다. 이러한 합성과정은 유기화학의 기본 반응에 속하며, 이를 통해 순수한 화합물을 쉽게 대량으로 합성할 수 있다.

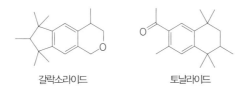

갈락소라이드   토날라이드

그림 9-10 갈락소라이드와 토날라이드 화학구조

니트로머스크 류는 머스크 향을 가진 향수에 널리 이용되었다. 그러나 많은 결점이 드러나고, 새로운 대체 화합물이 발견되면서 20세기 중반부터는 사용이 금지되었다. 가장 중요한 결점은 독성이었다. 빛에 노출되며 피부 알레르기 반응을 유발한 것이다. 이 결점은 피부 사용이 많은 화장품과 향수에는 치명적이었다.

1950년대에 이러한 결점이 없으며 머스크 같은 향을 가진 분자를 합성하는 연구가 진행되었다. 그 대표적 화합물이 그림 9-10의 갈락소라이드Galaxolide와 토날라이드Tonalide이다. 이 화합물은 분자 내에 복수의 환을 갖기 때문에, 다환성 머스크라고 불린다. 갈락소라이드는 달콤하고 플로랄한 중강도의 머스크 향을 갖는다. 토날라이드 역시 달고 프루티하며 앰버 느낌이 감도는 중강도의 머스크 향이다. 이 화합물들은 지금도 사용되기는 하지만 곧이어 설명하게 될 머스크 합성이 가능해지면서 그 양이 점차 감소하는 추세다.

'진짜' 사향을 합성하다

사향노루의 향낭 내용물을 건조해 그것을 에탄올에 용해한 후 불순물을 제거한 것을 사향 팅크처라고 부른다. 이 용액 안에는 머스크(사향) 향기 분자와 함께 다른 분자도 많이 들어있다. 여기서 향 원인 성분인 머스콘muscone만 추출하는 것은 매우 어려운 작업이었다. 이렇듯 천연에 의존하는 동식물 함유 유효성분을 추출하는 '단리單離' 기술은 천연물화학 발전에 필수이며, 그 기술 변화와 함께 천연물화학이 발전해 왔다고도 할 수 있다.

이 어려운 단리를 처음으로 성공시킨 사람은 발바움H. J. Walbaum이었다. 1906년의 일이었지만, 그 화학구조가 분명하게 밝혀지기까지는 20년이 더 걸렸다. 이미 설명한 분자의 화학구조를 명확하게 밝히는 과학은 아직 발전하지 못했기 때문이다. 1926년이 되어서야 스위스의 학자 루치카L. Ruzicka에 의해 머스콘의 화학구조가 3-메틸시크로벤타데칸이라는 것이 밝혀졌다. 루치카는 이 업적을 포함한 연구로 1939년 노벨화학상을 수상했다. 천연 유래 성분의 화학구조가 밝혀지면서 많은 유기화학자가 새로운 합성에 도전하기 시작했다. 천연에 의존하는 복잡하고 흔치 않은 화학구조에 따라 단순한 원료(출발화합물)들을 합성하여 완전하게 만들어내는 것을 전합성이라고 한다.

천연물 전합성은 유기화학자에게 매우 매력적인 도전과제이다. 그것은 수학으로 말하자면, 새로운 증명문제를 푸는 것에 필적한다. 인간이 조정하는 도박이나 컴퓨터 게임 등과는 비할 수 없는 지적 게임이라고 할 수 있다. 미지의 문제를 자신의 힘으로 풀어가기 때문이다.

그 과정에서 과학자는 여러 도구나 방법을 개발하게 된다. 종종 과학자는 이상한 사람처럼 보이기도 한다. 이들 연구자는 왜 그렇게 연구에 열중하는지 질문을 받기도 한다. 답은 단순하다. '재미있기 때문'이다. 물론 문제가 너무 어려워서 자신의 힘으로는 풀지 못할 때도 많다. 아니 오히려 연구자들 모두가 재미있다고 생각하는 문제는 대체로 난제이다. 현대에도 흥미롭고 중요한 문제는 산처럼 쌓여있다. 가능하다면 더 많은 젊은이들이 이런 문제에 도전해 해결해 나가기를 바란다.

루치카가 머스콘의 화학구조를 발표한 이후 많은 유기화학자가 그 전합성에 도전했다. 그 결과 1934년 지글러Karl Ziegler와 루치카가 거의 동시에 머스콘을 합성하는 데 성공했다. 지글러 역시 1963년 노벨화학상을 수상했다(지글러 낫타 촉매 발견으로).

머스콘에는 하나의 비대칭탄소원자가 있어서 2개의 광학 이성질체가 존재하는데, 천연 머스콘의 탄소원자 절대 입체배치는 (R)이다. 그러나 지글러와 루치카가 얻은 것은 2개의 서로 다른 광학 이성질체 혼합물(라세미체)이었다. 지금도 향수 등에는 라세미체가 사용되고 있으므로, 사실상 문제는 여기서 해결된 셈이라

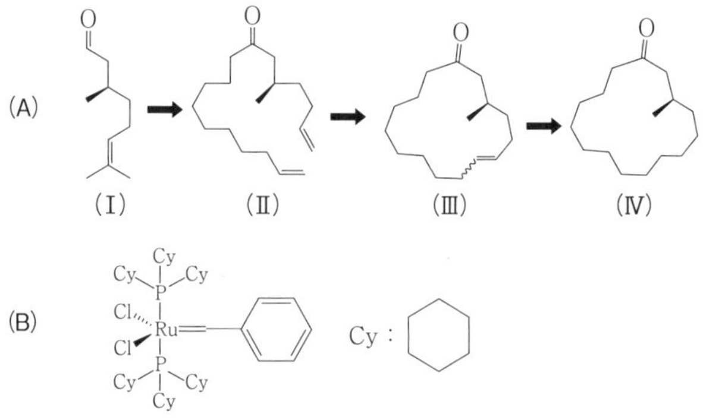

그림 9-11 머스콘 화학합성

고 봐도 된다.

그러나 천연 머스콘((R)체)을 합성해내고자 하는 물리학자들의 열망은 수그러들지 않았고, 천연물과 동일한 광학 이성질체를 얻어내려는 여러 연구가 계속되었다. 흡사 맹렬한 식욕처럼 여겨지는 과학자의 호기심이야말로 과학을 발전시키는 원동력이었다. 안도Masayoshi Ando에 의해 개발된 (R)체 합성법 중 하나를 그림 9-11(A)로 나타냈다. 이 합성법에서는 원료에 이미 비대칭 중심을 가진 (+)-시트로넬랄(I)을 이용한다. (+)-시트로넬랄 자체는 아로마정유를 추출하는 벼목 화본과 식물 시트로넬라에 들어있는 향으로 시트러스류의 프레시한 향을 가진 분자이다. 이 원료를 사용해 몇 단계 반응을 거듭하면 말단에 이중결합을 가진 화합물(II)을 얻을 수 있다. 직쇄상 분자를 환상으로 만들기 위해서는 그 단을 좁혀 결합할 필요가 있다. 이는 어려운 일이다. 이것을 쉽게 만드는 방법이 이중결합이다.

여기에 그림 9-11(B)와 같이 시약을 넣으면, 이 시약이 2개의 이중결합 부분을 끌어오고 반응시켜 (III)과 같은 화합물을 만든다. 시약으로는 루테늄라는 전이금속(Ru)이 사용된다. 유기화학 반응이지만 이러한 금속이 중요한 역할을 한다. (III)의 물결선은 이 결합이 옆에 있는 이중결합에 의해 시스 및 트랜스가 된 화합물과 섞여 있는 것을 나타낸다. 이 화합물을 팔라듐과 탄소 원자를 지닌 촉매(Pd-C)를 이용해 환원시키면, 원하는 (R)-(+)-머스크(IV)를 얻게 된다.

다만 천연 머스콘 같은 대환상 화합물 합성법은 손이 많이 가기 때문에 앞서 설명한 다환성 머스크가 경제적인 면에서는 유용하다. 낮은 가격으로 천연 머스콘 같은 화합물을 만들기 위한 연구개발은 여전히 진행 중이며, 가격 차이도 점점 좁혀지고 있다.

인공 향 분자의 합성

향 분자 합성연구의 최초 목적은 천연에 존재하는 희소한 향 분자를 인공적으로, 저렴하게 만드는 것이었다. 그러나 연구(과학)가 계속되면서 점차 기존 향 분자의 결점을 보완하거나 이때까지 없던 향의 성질을 지닌 새로운 분자를 합성하려는 도전으로까지 나아갔다. 현재 향수에 사용되는 매우 많은 향 분자가 인공적으로 만들어진 것들이다. 이번 장에서는 그런 몇 가지를 소개하기로 한다.

은방울꽃의 향 — 안정성 개량

은방울꽃은 프랑스어로 뮤게muguet이며, 향수 관련 분야에서는 은방울의 향을 '뮤게'라 부르기도 한다. 은방울꽃은 장미, 재스민과 함께 '향수의 3대 향료'로 꼽히지만 꽃집에서 흔히 만날 수 없으므로 은방울 꽃 향을 실제로 맡아본 사람은 많지 않을 것 같다. 그 향은 그린을 기조로 하지만, 장미와 레몬을 섞은 듯 달콤하며 프레시하고, 투명감 있으며 플로랄하다. 섬세하면서 복합적인 매력을 지닌 그 향을 하나의 향 분자로 표현하기는 곤란하다. 뮤게의 향을 표현하기 위해 많은 화합물이 합성된 것도 바로 그 때문이다. 그 중 하나가 하이드록시시트로넬랄hydroxylcitronellal이다(그림 9-12).

이 향 분자는 크리스티앙 디오르 사의 디오리시모Diorission 향수에 사용돼 한 시대를 풍미했다. 그러나 이후 하이드록시시트로넬랄은 안정성과 안전성에 문제가 있는 것으로 알려지며, 현재는 화장품에 1.0% 이상 들어갈 수 없도록 규제하고 있다. 디오리시모 역시 최근 그 규제를 따르며 성분을 변화시켰다. 하이드록시시트로넬랄 같은 알데히드기를 가진 경우, 대응하는 하이드록시기를 지닌 알코올보다 강한 향을 내는 점은 유리하다. 그러나 산화 및 알칼리에 약한 결점을 보여서, 이 분자를 널리 활용하기 위해서는 보다 안정적인 하이드록시기를 가진 분자가 필요하다. 따라서 뮤게 향을 지닌 분자가 여러 가지로 합성되었다. 플로롤florol과 마장톨majantol이 그 예(그림 9-12)이다.

플로롤은 신선하고 투명감 있는 은방울꽃 느낌의 플로랄로, 중강도의 향을 가진다. 이 분자도 자극성이 있다고 보고되었지만, 향수에서는 5%까지 허용된다.

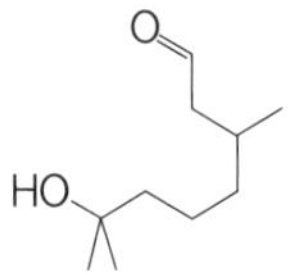

하이드록시시트로넬랄 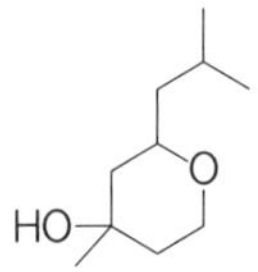   플로롤 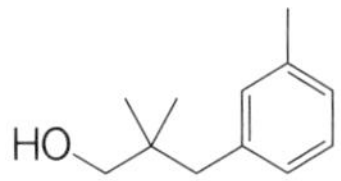   마장톨

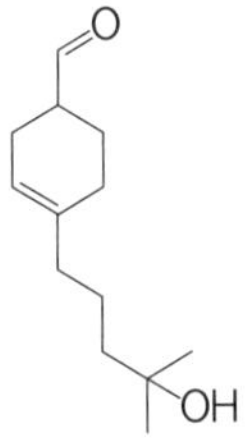

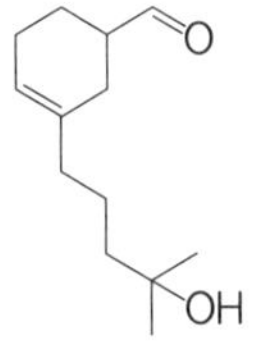

하이드록시이소헥실-3-시클로헥센카복스알데히드(라이랄)

그림 9-12 뮤게(은방울꽃)의 향을 표현하는 분자화합물

마장톨은 그린하며 은방울을 연상시키는 플로랄로, 중강도의 향을 가진다. 이 분자 역시 알레르기를 유발할 수 있다는 보고가 나왔지만, 별도의 사용량 규제는 없다. 이러한 분자는 적어도 안전성 면에서는 하이드록시시트로넬랄을 앞서고 있다.

하이드록시이소헥실-3시클로헥센카복스알데히드(그림 9-12)라는 분자 역시 은방울꽃과 시클라멘 꽃의 향을 강하게 지닌 합성향료로, 분자 내에 알데히드기와 하이드록시기를 가진다. 이 분자는 안정적이며 경이로울 만큼 오랜 유지시간을 유지하기 때문에 많은 향수에 쓰인다. 유감스럽게도 이 분자 역시 알레르기 반응을 일으키는 것으로 알려져 사용량은 제한되고 있다. 이 분자는 라이랄Lyral이라는 상품명으로도 판매되는데, 그림 9-12에서 보는 것처럼 알데히드기 위치가 서로 다른 2개의 위치 이성질체 혼합물이다.

장미꽃의 향 — 지속성 향상

향이 피부에 얼마나 오래 부착되는가는 향을 실용적으로 이용할 때 매우 중요한 조건이다. 처음에는 강한 냄새를 풍기지만 금세 사라지는 향은 곤란하다. 원하는 시간 동안, 원하는 강도로 향을 내는 게 중요하다.

향 분자의 지속성을 결정하는 요인은 여러 가지가 있는데, 증기압도 중요한 변수 중 하나이다. 증기압은 분자의 무게로 결정된다. 즉 향 분자의 지속성을 높이는 방법 중 하나가 분자를 무겁게 하는 것이다. 향의 영향이 적은 분자 부분을 무거운 것으로 바꾸어주면 분자를 무겁게 할 수가 있다.

시트로넬롤(그림 9–13)은 시트러스한 특징이 있는 장미의 플로랄한 향을 갖고 있다. 시트로넬롤의 특징적 구조인 이소부테닐기는 페닐기(회색으로 표시)와 거의 겹친다. 따라서 이들이 후각 수용체에 작용할 경우 동일하게 반응할 가능성이 있다. 동일 크기의 원자단이 단백질처럼 수용체와 상호작용할 때 동일한 반응을 하는 것을 생물학적 등가성bioisomerism이라고 한다. 이 경우, 이소부테닐기를 페닐기로 바꿔도 향의 특성은 크게 달라지지 않

시트로넬롤   이소부틸기와 페닐기는   페녹사놀
거의 같은 크기를 가진다

그림 9-13 분자량을 크게 해서 향의 지속성을 높인다

을 것이다. 이러한 원자단의 치환은 생체분자를 설계할 때 자주
사용된다.

페닐기(C_6H_5)는 이소부테닐기(C_4H_7)와 50% 가까이 겹친다. 이
치환을 통해 얻은 페녹사놀phenoxanol 분자는 프레시하며 장미, 제
라늄, 뮤게를 연상시키는 플로랄한 향을 갖는다. 페녹사놀 쪽이
조금 더 풍부하고 매끄러운 향이다. 비록 향의 느낌은 변하지만,
시트로넬롤에 가까운 향을 페녹사놀이 내는 것이다. 한편 페녹사
놀의 증기압은 0.006mmHg으로, 시트로넬롤의 0.02mmHg보다
훨씬 낮아서 증발하기 어려워진다. 향의 지속성이 매우 높아지는
것이다. 유기화학을 통한 합성의 최대 강점은 기대 성질을 가진
화합물을 만들어내는 것(창제)이 가능하다는 점이다. 합성된 페
녹사놀은 불가리 사의 Bvlgari E.D.P에 약 2.5% 함유돼 특유의
플로랄하고 프루티한 향과 지속성에 공헌하고 있다.

재스민의 향 ― 미량성분

재스민에서 아로마정유 1kg를 뽑기 위해서는 약 750만 개의 꽃이 필요하다. 재스민에도 여러가지 향 성분이 들어있다. 그들 중 투명감과 따뜻함이 있으며, 레몬의 프레시함에다 플로랄한 부드러움을 함께 지녀 재스민 향에 공헌하는 분자로 다이하이드로자스몬산 메틸(그림 9-14)이 있다. 헤디온hedione이라고 이름 붙은 이 화합물은 재스민 안에 극미량 들어있다. 재스민 꽃 1kg을 사려면 400만 원이 넘으므로, 이 분자를 재스민 꽃에서 얻는 것은 현실적으로 어렵다. 더구나 한 군데의 이중결합 유무로 자스몬산 메틸이라는 분자도 들어가는데, 재스민정유 속의 함유량은 0.2~1.3%다. 그러므로 이 분자를 출발화합물로 삼아 다이하이드로자스몬산 메틸을 만드는 것도 경제적이지 않다. 따라서 저렴한 원료로 합성하는 방법이 검토되었다. 그 합성 경제를 그림 9-15로 나타냈다.

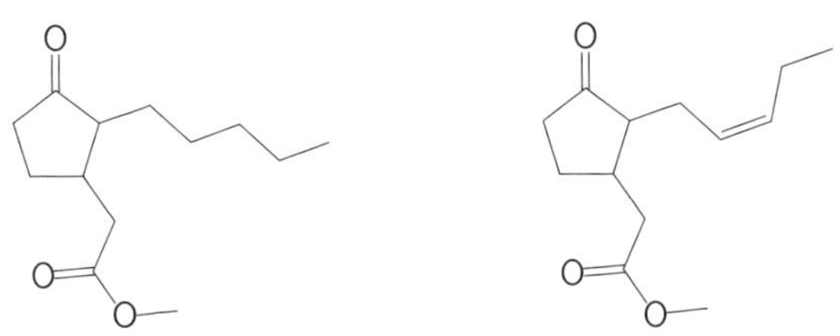

다이하이드로자스몬산 메틸   자스몬산 메틸

그림 9-14 재스민에 미량 함유된 향 분자

원료로 이용하는 것은 시클로펜타논이라는 단순한 분자(I)이다. 이 분자 10kg은 30만 원 정도면 구입할 수 있다. 이 분자에 펜타날이라는 알데히드를 반응시키면 (II) 화합물이 생긴다. 이 반응을 알돌 축합반응이라고 한다. 이후 메틸말론산 분자를 반응시켜 이중결합의 아래쪽에도 또 하나의 치환기를 결합시킨다 (III). 이른바 마이클 부가반응이다. 탈탄산반응에 의해 (III)에서 원하는 다이하이드로자스몬산 메틸(IV)이 생긴다. 그러나 (III)이 생성될 때 2개의 비대칭탄소원자가 생기게 되기 때문에, 4개의 광학 이성질체를 얻게 된다. 4종류 중 (V)의 분자 향이 가장 강하고, 재스민 향에 사실상 공헌한다. 따라서 (V)을 선택적으로 얻기 위한 여러 방법이 검토되었다. 그 결과 90%를 초과하는 수율로 (V)를 얻는 방법이 개발되었고, 현재 헤디온을 포함하지 않는 향수가 오히려 적을 만큼 널리 사용되고 있다. 헤디온이 50% 이

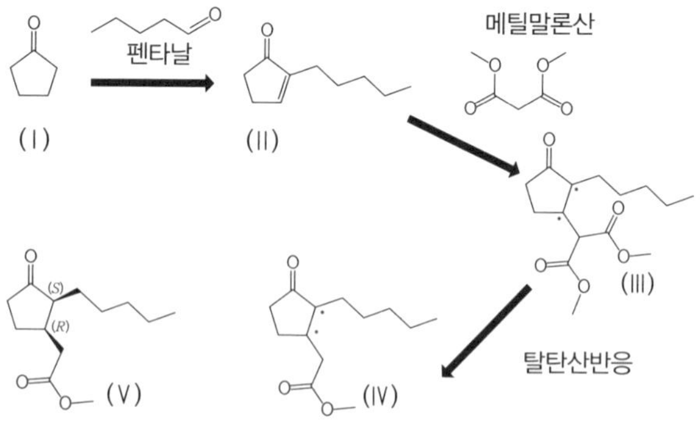

그림 9-15 하이드로자스몬산 메틸 합성

상 함유된 향수가 있을 정도이다. 재스민 향은 많은 사람의 마음을 편하게 이완시킨다. 이렇듯 헤디온을 손쉽게 합성해내는 것이야말로 유기화학이 가져다준 선물 중 하나이다. 여전히 재스민에서 이 분자를 추출하고 있다면, 아마도 재스민 향은 서민의 손에는 닿지 못할 고가의 향료로 머물러 있을 것이다.

우디한 향의 연출

남성용 향수는 여성용 향수와 다른 특징이 요구된다. 1988년 크리스티앙 디오르 사가 발매한 남성용 향수 파렌하이트Fahrenheit는 머스크를 느끼게 하면서 제비꽃의 플로랄한 분위기가 감도는 우디한 향으로 많은 이들을 매료시켰다. 이 향수에는 이소이수퍼Iso E Super라는, 천연에 존재하지 않는 향 분자가 25%나 들어있다(그림 9-16). 이 이소이수퍼 향이 파렌하이트의 향의 결정적 요소가 된다. 같은 시기에 발매했던 캘빈 클라인의 이터너티Eternity도 이소이수퍼를 12% 정도 사용해, 향의 구성상 중요한 역할을 부여했다. 이터너티 역시 많은 이들에게 사랑받고 있다.

1960년대부터 제비꽃 향을 표현하기 위한 여러 화학적 시도가 이어졌다. 이소이수퍼는 그 과정에서 우연히 만들어진 향 분자이다. 이소이수퍼는 그때까지 천연에서 발견된 향 분자와는 전혀 다른 특징을 갖고 있다. 일반적으로 우디한 향은 무거운 느낌이

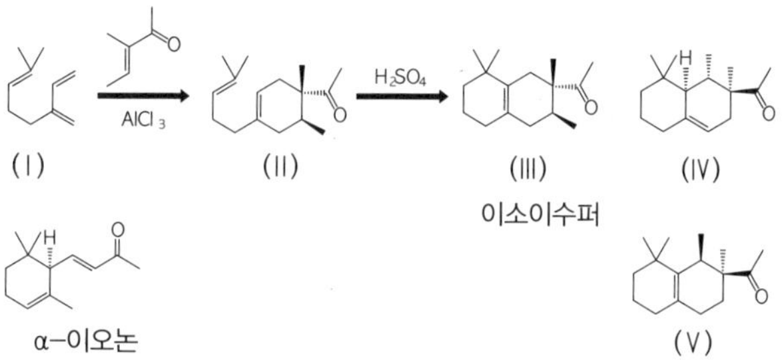

그림 9-16 이소이수퍼 합성

나지만, 이 분자는 투명감이 있는 가벼운 느낌을 자아낸다. 이 분자 향에 대한 느낌은 사람에 따라 매우 다른 것 같다. 삼나무를 연상하는 사람이 있는가 하면, 머스크한 제비꽃 향을 느끼는 사람도 있다.

공업적인 합성법은 그림 9-16과 것과 같다. 원료로는 미르센 myrcene(I)을 이용한다. 미르센 분자의 (E)-3-메틸펜트-3-엔-2-온을 염화알루미늄으로 반응시키면 입체 선택적으로 (II)의 화합물이 만들어진다. 여기에 황산을 넣으면 왼쪽에 또 하나의 환이 생긴다. 이때 만들어지는 주요 화합물이 초기 이소이수퍼라는 분자이다(III).

그런데 나중에 확인해보니 이 분자에는 실질적인 향이 없으며, 이소이수퍼 향은 반응물에 5%가량 함유된 불순물(실은 이것이 향의 본체이다)인 (IV)에 의한 것임이 드러났다. (III)의 냄새 역치는 1리터당 1000만분의 5그램인데 반해, (IV)에서는 1리터당 1조분의

5그램이므로 (IV)가 10만 배나 강한 향을 지닌 것이다.

당연한 수순이지만, 학자들은 (IV)만을 선택적으로 합성하려는 연구를 계속했다. 여기서는 길게 설명하지 않겠지만, 여러 시도 끝에 연구 발단이 된 제비꽃 향 주성분인 α-이오논(그림 9-16)을 출발원료로 하여 (IV)를 합성하는 데 성공했다. 그러나 공정이 너무 복잡해서 이를 상업적으로 활용하기는 어려웠다. 과학자들은 (IV)와 같은 향을 가지며, 합성이 간단한 분자를 찾기 위해 다시 연구했다. 그 결과 (V)의 분자가 (IV)와 동등한 향의 강도(역치는 1리터당 1000억분의 3g)를 가지며, 향의 특성도 적당하다는 사실을 알게 되었다. 이 향 분자는 게오르기우드Georgywood라는 이름으로 지보단Givaudan사에서 판매되었고, 니나리치Nina Ricci사의 러브 인 파리Love in Paris 등 향수에 널리 사용되었다. 우디한 향 분자는 남성용 향수에서는 중요한 역할을 한다. 최근 남성용 향수 시장이 확대되면서, 우디계의 새로운 향 분자를 찾는 연구도 계속되고 있다.

10장

향 분자의
효과와 안정성

향 분자의 효용

좋은 향은 우리의 마음을 가라앉히고 치유해준다. 향이 지닌 물질을 이용해온 인류사를 보면, 향 함유 물질은 좋은 냄새로 우리의 마음에 위안을 줄 뿐만 아니라, 실용적인 측면에서도 엄청난 도움을 주었다. 중세 유럽에서는 장미 아로마정유를 상처에 바르면 회복이 빨라진다는 사실을 터득하고 있었다. 르네상스 시대 피렌체의 산타마리아 노베라 교회에는 약국이 병설되어, 직접 재배한 라벤더 등 추출액을 약으로 판매했다. 근대 프랑스의 화학자 르네 가트포세Rene-Maurice Gattefosse는 1910년 실험을 하던 중 폭발사고를 일으켜 머리와 손에 화상을 입자 옆에 있던 라벤더 정유를 도포했고, 이를 통해 라벤더 아로마정유에 상처 치료 기능이 있다는 걸 알아냈다. 이후 가트포세는 라벤더 아로마정유를 배합한 비누를 발매했다. 이 비누는 제1차 세계대전 중 병사의 의류와 붕대를 세정하는 데 사용되며 폭발적 인기를 끌었다. 가트포세는 아로마정유의 효과 연구를 계속해 1937년 《방향요법Aromatherapie》이라는 제목의 책을 출판했다. 아로마테라피 aromatherapy라는 말은 가트포세에 의해 만들어진 것이다. 이것이 계기가 되어 아로마테라피에 관한 연구 및 상용화가 가속화됐다.

사실 허브를 이용한 민간요법은 유럽에서 오랜 역사를 지닌다. 향을 가진 식물을 생활개선과 민간의료에 널리 활용해온 것이다. 약효는 단순히 향을 흡입하는 것만이 아니라 해당 물질을 피부에 바르거나 마실 때 더 잘 발휘된다. 다만 이번 장에서는 향으로서 코로 맡을 때 생기는 효과에 한정해 이야기한다.

후각의 구조에서 이야기한 것처럼, 오감 중 후각만이 대뇌변연계에 직접 작용할 수 있다. 따라서 향 분자는 감정과 정서 행동에 직접적인 영향을 미친다. 명확한 과학적 근거는 충분치 않지만, 이러한 후각 특성에 따라 좋은 향이 기분을 맑게 하고 불안감이나 우울감을 개선해준다고 생각한다.

향으로 혈압과 식욕을 컨트롤할 수 있다?

쥐 실험을 통해 라벤더 정유 및 그 향의 주성분인 리날룰이 자율신경계에 영향을 주어 혈압을 낮춘다는 점을 확인한 논문이 10여 년 전에 발표됐다(나가이, 2006년). 연구팀은 인위적으로 후각을 제거한 쥐에게서는 이러한 현상이 나타나지 않았다고 밝혔다. 향 분자가 코점막의 후각수용체에 작용함으로써 향 감각에 의해 이러한 현상이 일어난다는 것이 실험을 진행한 학자들의 설명이었다. 나아가 라벤더 향이 교감신경 활동을 억제해 위의 부교감신경을 활성화하고 혈액 중 글리세롤 농도 및 체온을 낮추어 식욕을 증진케 한다고 발표했다.

교감신경 활동을 억제하고 부교감신경 활동을 촉진하는 것은 인간의 경우 마음이 온화해진다는 의미다. 이에 반해 자몽과 그 향의 주성분인 리모넨은 정반대 반응을 일으킨다. 즉 자몽이나 리모넨 향을 맡은 실험용 쥐는 교감신경이 활성화하고 위의 부교감신경이 억제돼 혈액 중 글리세롤 농도 및 체온이 상승하고 식욕이 감소한다. 이 실험에서도 쥐를 인위적 무후각 상태로 만들면 동일한 현상이 나타나지 않았다. 따라서 연구팀은 후각수용체에 리모넨 등 향 분자가 결합함으로써 이 같은 현상이 일어나는 것이라고 봤다. 이 결과는 자몽 향으로 비만을 예방(억제)할 수 있다는 가능성을 내포한다.

시부트라민Sibutramine이라는 항비만약(국내에서는 심혈관계 이상 등 부작용으로 처방 및 판매가 중단되었다—편집자) 및 자몽 향을 통한 항비만 효과를 비교한 실험도 진행되었다(샤라프Sharaf, 2012년). 자몽의 항비만 효과는 강하지 않지만, 시부트라민으로 인한 혈압 상승과 같은 부작용이 나타나지 않았다. 즉 자몽의 향은 완만한 항비만 효과를 지닌다고 볼 수 있다. 자몽의 향을 맡으면, 많은 사람은 신선하고 활동적인 기분이 된다. 한편 라벤더의 향을 맡으면, 대체로 차분해지면서 안온한 기분이 된다. 그리고 이런 기분 차이가 우리의 정신활동 및 그에 따른 육체적 활동에 뚜렷한 영향을 미친다는 사실이 과학적으로 증명되고 있다. 즉 향을 잘 활용할 경우, 우리의 생활 리듬을 개선하는 데 큰 도움을 얻을 수 있다는 것이 연구결과로 밝혀진 셈이다.

향으로 스트레스를 해소한다

좋은 향으로 심신을 평안하게 한다는 것은 스트레스를 완화한다는 의미다. 우리가 스트레스를 받는지 아닌지는 스트레스를 받을 때 분비되는 물질인 '스트레스 바이오마커' 농도로 측정할 수 있다. 스트레스 바이오마커인 코르티솔과 크로모그라닌 A chromogranin A가 타액 안에 얼마나 포함돼 있는지를 파악하는 방식으로, 라벤더 흡인이 스트레스에 얼마나 영향을 주는지도 조사했다(도다, 2008년). 30명의 건강한 학생에게 수학 문제를 풀어 스트레스를 느끼게(수학을 좋아하는 학생은 스트레스를 받지 않을지 모르지만) 한 후, 라벤더 향을 맡을 경우 그 스트레스가 얼마나 줄어드는지 측정한 것이다. 실험 결과, 라벤더 향을 마신 후 스트레스 바이오마커의 농도는 유의미하게 낮아졌다. 라벤더 향이 스트레스 경감 효과를 불러왔다는 사실이 명백하게 증명된 것이다.

야근은 노동자에게 적잖은 스트레스를 준다. 야근을 마친 19명 의료진을 대상으로 라벤더 향을 통해 스트레스가 어떻게 변화하는지를 조사한 실험도 있다(요시가와, 2011년). 팔뚝에 있는 동맥 확장 폭으로 스트레스 강도를 측정한 결과, 야근은 혈관 내피의 기능을 떨어뜨린다는 사실이 분명하게 드러났다. 조금 어려운 말이지만, 혈류의존성 혈관 확장반응Flow Meditated Dilation, FMD을 이용한 검사였다. 실험자들이 30분 동안 라벤더 향을 마시도록 한 결과, 야근이 마무리될 무렵의 스트레스를 뚜렷하게 해소하는 것으로 밝혀졌다.

정신적인 스트레스가 관상동맥의 혈류를 방해한다는 사실은 널리 알려져 있다. 그것이 방아쇠가 되어 심근경색 등 위험한 증상을 일으킬 확률이 높아진다. 일본의 학자 고무로(2008년)는 라벤더 향을 이용해 스트레스를 억제할 수 있는지 조사했다. 30명의 건강한 사람들을 대상으로 한 이 실험을 위해 고무로 씨는 4방울의 아로마정유를 20ml의 온수에 희석했다. 드로퍼가 부착된 병에서 한 방울은 약 0.05ml이므로 약 0.2ml의 라벤더정유가 20ml의 온수에 녹아 있는 상태이다. 스트레스를 받은 피실험자들에게 온수에서 피어오르는 라벤더 향을 30분간 맡게 했다. 그 결과 관상동맥의 혈류 상태가 개선되었다. 이 실험에서는 스트레스 바이오마커인 코르티솔 농도도 측정했는데, 라벤더 향을 맡은 이후 그 수치가 두드러지게 낮아졌다. 라벤더 향이 스트레스를 분명하게 경감시킨 것이다.

여기서는 라벤더와 자몽 향의 효과만을 소개했지만 다른 향에 관한 연구 역시 활발히 진행되고 있다. 연구를 진행한 시기로 알 수 있듯이, 이들 연구 대부분은 최근에 이루어졌다. 즉 각각의 향 분자 기능에 관한 연구는 아직도 초보적인 단계다. 아로마테라피 관련 종사자 중에는 '아로마정유는 무조건 몸에 좋다'고 맹신하는 부류도 적지 않다. 하지만 그들 대부분은 향 분자 각각의 효과를 과학적으로 조사하는 일에 소극적인 듯하다. 이러한 태도야말로 시급하게 바로잡아야 한다고 필자는 생각한다.

우리는 각 성분분자의 효과를 순수한 형태로 명확하게 분석하고, 그 종합적인 효과를 정량적으로 평가해야만 한다. 과학적인 고찰은 분석으로 끝나는 것이 아니라, 그것을 종합적으로 이해하는 차원으로까지 나아가야 한다. 반복되는 이야기지만, 궁극의 분석을 하지 않은 채 전체를 이해하려는 시도는 정성적定性的인 결론에만 머물 뿐이며, 이러한 지식은 큰 도움이 되지 않는다. 향의 세계는 부분만으로 전체를 이해하기에는 복잡한 문제가 여전히 많다. 그걸 치밀하게 분석하지 않을 경우, 과학의 진보는 멈춰버린다. 어려운 이야기가 되었지만, 향의 효과에 대해서는 아직 밝혀내지 못한 문제들이 너무도 많고, 지금은 하나씩 하나씩 그 지식을 쌓아가는 단계라 할 수 있다.

향과 알츠하이머

향은 학습과 기억을 담당하는 부위인 대뇌피질을 활성화한다. 이에 착안해 향이 알츠하이머 개선에 효과를 발휘할 수도 있다는 전제 아래 많은 연구가 진행되고 있다. 고령화(초고령화) 사회가 눈앞에 닥친 상황에서 알츠하이머는 매우 중대한 문제로 다가왔다. 이런 현실에서 향을 맡는 온화한 방법으로 알츠하이머 증상을 개선하거나 진행을 늦출 수 있다면 매우 큰 도움이 될 것이다.

고도 알츠하이머 환자를 대상으로 복수의 아로마정유를 조합해 인지능력이 어떻게 변화하는지를 조사한 실험이 있다(짐보, 2008년). 오전 9시~11시에 로즈메리 캠퍼(장뇌)와 레몬 향을, 저녁 7시 반~9시 반에는 라벤더와 스위트 오렌지 향을, 디퓨저를 사용해 공기 중에 뿌려서 환자들이 맡게 했다. 일명 방향욕이라는 방법이다. 그리고 향의 효과를 터치패널식인지증평가법Touch Panel Type Dementia Assessment Scale, TDAS로 평가했다. TDAS란 터치패널을 이용해 도형인식, 돈 계산 이해, 날짜 및 시간 이해, 명칭기억 등을 조사한 뒤 인지기능장애 정도를 점수화하는 것이다. 실험 결과, 65세 이상(인지증 발생연령) 고도 알츠하이머병 환자들의 증상이 명확하게 개선된 것으로 나타났다. 오전 중에 로즈메리와 레몬 향으로 교감신경을 활발하게 자극해 집중력을 높이며 기억력을 강화하고, 저녁에 라벤더와 오렌지 향의 조합으로 부교감신경을 활성화해 심신을 진정시킨 결과 알츠하이머 증상이 완화된 것으로 보인다고 연구진은 밝혔다.

이 실험 결과는 동일한 방법을 건강한 사람에게 적용할 경우 알츠하이머 예방에 도움이 될 수 있다는 점을 시사한다. 즉 향 분자를 이용해 후각세포를 빈번하게 자극하는 방법으로 세포 재생을 활성화하면, 알츠하이머 예방으로 이어질 가능성이 있다. 소위 약물요법과는 달리 좋은 향만을 일정 시간에 맡는 온화한 방법이므로 그 응용에 많은 관심이 쏠리고 있다.

이 연구 외에도 아로마정유가 알츠하이머를 개선한다는 보고는 속속 나오고 있다. 가령 티트리 정유가 아세틸콜린acetylcholine 분비를 촉진한다는 보고도 있다. 신경전달물질인 아세틸콜린 감소가 알츠하이머로 이어지므로, 티트리 정유의 향은 향후 알츠하이머 치료 보조제로 사용될 가능성이 매우 높다.

앞서 말한 것처럼, 아로마정유에 함유된 어떤 향 분자가 알츠하이머 개선에 효과가 있는지에 관한 연구는 아직 많이 진전되지 않았다. 다만 세계적으로 가속되는 고령화 사회 속에서 아로마정유 향 분자를 통한 알츠하이머 예방 및 완화 연구가 신속하게 진행되기를 바랄 뿐이다.

노화와 냄새 감각

노화가 진행되면 냄새 감각도 둔해진다. 80세 인구의 80%가량이 후각에 큰 장애를 느끼는 것으로 알려져 있다. 후각이 둔해질 뿐만 아니라 냄새 식별도 어려워진다. 여성은 남성에 비해 좀 더 고령까지 후각을 유지하는 듯하지만 말이다.

알츠하이머나 파킨슨병 같은 신경변성 질환 환자들은 후각 능력이 현저하게 떨어진다. 알츠하이머 등의 문제 중 하나가 조기 진단이 어렵다는 것이지만, 최초 발병 단계에서 후각 이상이 나타나기 때문에 후각검사를 통해 조기진단을 한다. 후각검사는 간단하게 할 수 있다는 커다란 장점이 있다.

이처럼 향이 우리의 정신에 미치는 영향에 관한 과학 연구가 더욱 진행된다면 활용 폭은 지금보다 훨씬 넓어질 것으로 기대된다. 특히 스트레스가 많은 현대사회에서 각자가 정신상태를 차분하게 통제하는 것은 삶의 질 향상을 위해서도 매우 매력적이다. 향 연구는 패션업계뿐만 아니라 인간 삶의 질 향상을 고려하는 차원에서도 매우 중요하다고 필자는 여긴다.

향 분자의 안전성

자연에서 얻는 건 무조건 안전하다는 오해

세상에 널리 유포된 개념 중 하나로 '자연에서 온 것은 안전하고, 인공 물질에는 독성이 있다'라는 편견이 있다. 대학에서 과학을 배운 이들 중에도 이런 개념을 저항 없이 받아들이는 사람이 적지 않다. 그러나 이런 생각은 옳지 않다. 실은 자연계에 존재하는 물질 중에는 인공적인 물질보다 독성이 훨씬 높은 것이 많다. 독성 물질이라고 해도 그 양이 적으면 사실상 독이 되지 않아 언뜻 독으로 보이지 않는 것들도 많다. 하지만 정량을 넘길 때는 위험한 독이 된다. 중세 유럽의 연금술사 파라켈수스 Paracelsus(1493-1541)는 '독인지 약인지 결정하는 것은 용량'이라고 했다. 맞는 말이다. 설탕과 소금은 우리가 살아가는 데 있어 중요한 물질이다. 그러나 쥐에게 체중 1kg당 33g의 설탕을 한 번에 제공했더니, 그들 중 절반이 죽어버렸다. 이처럼 투여한 생물의 절반이 죽어버릴 정도의 양을 LD-50(lethal dose 50%)치라고 한다. 설탕의 경우 체중 1kg당 3.5g에 반수의 쥐가 죽어버렸다. LD-50치는 생물 종에 따라 달라지기 때문에 실험용 쥐와 인간을 단순 비교할 수 없지만, 만약 이 숫자를 인간에게 적용한다고 가정하면 체중 60kg의 인간 절반이 죽게 되는 설탕의 양(LD-50치)은 1,980g이 된다. 한 번에 2kg에 가까운 설탕을 먹지는 않겠지만, 아주 불가능한 양은 아니다. 그렇다고 해서 설탕이 위험한 물질이라고 말할 수는 없다. 그래뉴당 1티스푼은 4g이기 때문에, 이 정도의 양을 커피에 넣고 마셔도 안전하다. 안전한지 아닌지는 섭취하는 물질의 양으로 결정하는 것이다. LD-50치에 비해 아주 적은 양이면 안전하다는 의미다. 즉 1,980g은 4g의 495배이므로 그래뉴당 1티스푼은 충분히 안전하다고 판단한다. 그러나 소금을 1큰스푼(약 18g) 먹으면 상황이 달라진다. 가령 체중 60kg의 인간에게 소금의 LD-50치는 210g이므로, 그 비율은 11.7배가 된다. 이처럼 물질의 독성을 판단할 때에는 그 독성과 실효적으로 섭취하는 양과의 관계에 대해 생각할 필요가 있다. 그저 자연에 있는 물질은 안전하며, 인공적으로 합성한 것은 위험하다는 식으로 생각하는 것은 큰 잘못이다. 담배에 함유된 니코틴의 LD-50치는 1kg당 24mg이며, 몸에 좋다고 알려진 비타민 C 역시 1kg당 12g이다.

향료 관련 제품, 특히 아로마정유를 취급하는 많은 회사가 안전성을 강조하기 위해 '자연'을 끌어들이곤 한다. 그러나 이런 태도가 반드시 옳은 건 아니다. 현대적인 기법으로 합성된 대부분의 분자 순도는 매우 높다. 나아가 합성과정이 명확하게 밝혀지는 까닭에 광학 이성질체와 불순물 혼합량 등까지 분명하게 드러난다. 이에 비해 재배지의 토양 오염 같은 정보조차 모르는 천연 유래 아로마정유의 불순물은 사용자들이 파악할 방도가 없다. 제품에 함유된 성분분자가 균일하지 않은 것도 많다. 중요한 건 그 향 분자가 천연인지 인공인지가 아니라, 어떤 화학성분이 얼마나 함유돼 있는지 분명하게 밝히는 일이다. 이런 맥락에서 양심적인 회사들은 객관적으로 파악한 성분분석표를 제품 포장재에 공개하고 있다.

향 분자의 독성

설탕이나 소금과 달리, 향 분자를 입으로 섭취하는 일은 없다. 따라서 LD-50치로 그 독성을 곧장 판정할 수도 없다. 예를 들어 라벤더유의 주성분인 리날룰을 쥐로 실험한 결과, LD-50치는 1kg당 2.79g이라고 보고되었다. 매우 안정성이 높은 이 향 분자는 공기 중에 분사해 그것을 흡입하는 형태이므로, 이 경우 독성이 어떻게 되는지도 궁금하다. 가령 0.2ml의 향수를 피부에 바르고 최소 수 시간 맡는다. 이 향수에 특정 향 분자가 10% 들어있다면, 그 양은 0.02ml이다. 향수를 바른 사람 주변 1m 내의 공간에서 좋은 향을 느낀다면, 약 8m³ 공간에 이 분자가 확산된다는 뜻이다. 이 분자의 비중을 단순하게 1이라고 하면 0.02ml 분자의 무게는 20mg이므로, 이 분자가 향을 풍기는 공간에서의 농도는 2.5ppm(ppm은 100만분의 1을 나타내는 단위)이 된다. 독성이 강한 황화수소일 경우 3ppm을 넘으면 불쾌한 냄새를 유발하지만, 적어도 일반 향수에 함유된 향 분자는 우리가 보통 사용하는 방법이라면(극미량이기 때문에) 흡인에 의한 독성은 걱정할 필요가 없다는 결론이 나온다. 물론 그 향을 싫어하는 사람에게는 불쾌한 냄새일지언정 사람이 죽을 정도의 독성을 가지는 일은 없을 것이다.

향 분자에 의한 알레르기

향 분자는 향수와 화장품 안에 들어있고 우리 피부와 접촉하는 일도 매우 많다. 당연히 가장 걱정스러운 것은 피부에 대한 영향이다. 그 영향은 경미한 것부터 중대한 것까지 다양하다. 앞서 설명했듯이 모든 물질은 그 양에 따라 독성을 발현할 가능성이 있다. 실제로 향수 등에 함유된 향 분자의 대부분은 자연계 유래지만 피부 자극제로서 분류된다. 물론 시판되는 향기 제품에는 자극성이 낮은 분자만 사용되므로 통상 사용하는 조건이라면, 대부분 사람에게는 강한 자극을 주지 않는다.

우리의 피부는 외부로부터 이물질이 침입하는 걸 막는 방호벽 역할을 한다. 당연히 화학물질의 침투도 제한한다. 하지만 실제로는 많은 화학물질이 피부를 통해 흡수되어 버린다. 몇 가지 향 분자는 각질을 통과해 표피로 들어가서 면역반응을 일으킨다. 처음에는 아무런 변화도 일으키지 못하던 분자들이 반복 접촉하면서 알레르기 반응을 유발하기도 한다. 그 상태(감각에 작용한 상태)가 되면, 자극제로서 작용하는 농도 아래에서도 알레르기 반응이 나타난다. 이러한 반응은 통상 접촉 후 1~2일에 나타나기 시작하고, 여러 날에 걸쳐 증상이 나빠진다. 이 증상은 단순 자극으로 인한 증상과 달리 쉬 낫지 않으며 접촉 후 수일간, 심할 경우 수 주간 계속된다. 증상이 심한 사람은 그 성분을 조금이라도 함유한 제품과 접촉하는 것만으로 알레르기를 일으킨다.

화장품 관련 업계는 화장품에 의한 알레르기 반응 피해를 방지하기 위해 가장 빈도 높게 알레르기 반응을 일으키는 향 분자를 상품 레이블에 표시할 것을 제안하고 있다. 알레르기 반응을 일으키는 물질을 알레르겐이라고 한다. 표 10-1에 알레르겐 물질 중 일부를 일러두었다. 과거 알레르기 반응 경험이 있는 사람은 적어도 여기에 나열한 물질을 함유한 제품 사용을 피하거나 주의해서 사용해야 한다.

표 10-1 알레르기 반응을 유발하는 알레르겐 물질 분자의 예

아밀신남알데히드	시트랄	하이드록시시트로넬랄
아밀신나밀알코올	시트로넬롤	이소오이게놀
아니스알코올	쿠마린	리날룰
벤질알코올	α-이소메틸이오논	라이랄
안식향산 벤질	(+)-리모넨	릴리알
계피산 벤질	오이게놀	메틸헵틴카보네이트
사리실릭산 벤질	파르네솔	오크모스추출물
신남알데히드	제라니올	트리모스추출물
신나밀알코올	헥실신남알데히드	

이 표에는 시트로넬롤, 오이게놀, 제라니올 등 식물 성분이 많이 들어있다는 점에 주의를 기울여야 한다. 향수나 크림처럼 피부에 남는 제품일 경우 10ppm 이상, 샴푸나 비누처럼 씻어 흘려보내는 제품일 경우 100ppm 이상 이들 물질이 함유될 경우 제품 설명서에 표시해야 한다. 세계 주요국 화장품협회는 전성분 표시(보통 성분함유량이 많은 순으로)를 의무화하고 있으므로 알레르겐 정보는 사용 전에 알 수가 있다. 나아가 화장품업계가 안전성에 각별한 주의를 기울여 제품을 제조하는 추세라 기본적으로 안심하고 향을 즐겨도 된다. 다만 독성은 개개인의 체질과 사용조건에 따라 크게 달라지며, 우리가 일상에서 화학물질을 활용하고 있다는 사실만은 잊으면 안 된다.

광독성

1970년대, 자외선차단제를 사용하던 많은 이가 피부염으로 고통을 겪었다. 조사 결과 제품에 함유된 6-메틸쿠마린6-Methylcoumarin이란 향료가 문제를 유발했다는 사실이 드러났다(그림 10-1). 6-메틸쿠마린은 평면적인 분자로, DNA의 염기대 사이에 끼어들 수가 있다. 그 상태로 자외선을 맞을 경우 이 분자는 자외선을 흡수해 매우 활성화한 상태가 된다. DNA는 피리미딘Pyrimidine(사이토신과 타이민)과 퓨린Purine(아데닌과 구아닌) 염기로 구성되어 있는데, 활성화 상태가 된 분자는 피리미딘 염기와 결합해 버린다. 이를 계기로 염증반응이 나타나 피부에 홍반이 생기고 화상과 같은 염증과 통증이 일어난다. 증상이 심할 경우 수포도 생긴다. 이 반응은 빛에 닿으면 바로 나타나는 것이 아니라 자외선에 노출되

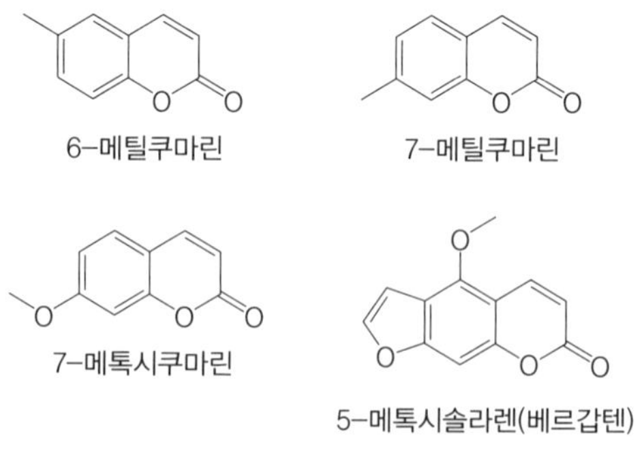

6-메틸쿠마린

7-메틸쿠마린

7-메톡시쿠마린

5-메톡시솔라렌(베르갑텐)

그림 10-1 광독성을 가진 분자

고 37~72시간 후에 발생한다. 급성 염증 이후에는 색소 과잉 상태가 수주~수개월 동안 계속된다. 6-메틸쿠마린의 양이 많을수록, 노출된 자외선의 양이 많을수록 증상은 악화한다. 이후 연구를 통해 7-메틸쿠마린 및 7-메톡시쿠마린(그림 10-1) 역시 이러한 광독성을 가지고 있다는 사실이 밝혀졌다. 이들 화합물은 현재 사용이 금지되었다.

또한 감귤류의 껍질 유래 아로마정유나 무화과 잎의 앱솔루트에는 프라노쿠마린(FC)으로 통칭되는 광독성 성분이 들어있다. 감귤계 과일의 아로마정유 안에 함유된 양은 3% 이하이지만, 그것을 100배로 희석해도 광독성이 일어난다.

베르가모트유는 품질에 따라 강한 광독성을 지닌 5-메톡시솔라렌(베르갑텐. 그림 10-1)이라는 프라노쿠마린을 함유한 것으로 알려져 있다. 베르갑텐을 0.3%나 함유한 일부 베르가모트유의 사용은 제한된다.

현재 판매되는 많은 감귤계의 아로마정유는 증류나 추출을 통해 프라노쿠마린을 제거한 상태이며, 이들 제품에는 FCF(프라노쿠마린 프리)라는 표시가 되어 있다. 무화과 잎의 앱솔루트에는 0.001%의 프라노쿠마린이 들어있는데, 그 농도로도 광독성을 보이기 때문에 사용이 금지된다.

그 외의 독성

피부로 스며든 분자는 전신에 퍼지기 때문에 피부 이외에서 반응하는 독성도 주의해야 한다. 적어도 두 가지 향 분자가 신경독이 의심된다고 보고되어 있다. 그 중 하나가 7-아세틸-6에틸-1,1,4,4-테트라메틸테트라린(AETT, 그림 10-2)이라는 분자다. 이 분자는 합성된 머스크로 쥐의 피부에 도포한 결과 신경계에 손상을 입히는 것이 확인돼 사용이 금지되었다. 흥미롭게도 구조가 매우 유사한 7-아세틸-1,1,3,4,4,6-헥사메틸테트라린 (RMFLA, 그림 10-2)의 경우 신경독성을 보이지 않아, 인공 머스크로서 널리 사용되고 있다. 7-아세틸-1,1,3,4,4,6-헥사메틸테트

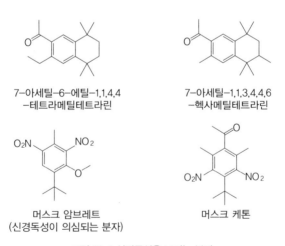

7-아세틸-6-에틸-1,1,4,4
-테트라메틸테트라린

7-아세틸-1,1,3,4,4,6
-헥사메틸테트라린

머스크 암브레트
(신경독성이 의심되는 분자)

머스크 케톤

그림 10-2 신경독성을 보이는 분자

라린은 앰버 계열로 프루티한 머스크향을 가진다.

또 다른 사례로 합성 머스크 암브레트musk ambertte(그림 10-2)를 꼽을 수 있다. 연구 결과 이 분자의 피부 흡수율이 낮아 당초 염려했던 신경독성 문제는 신경 쓰지 않아도 되는 것으로 밝혀졌다. 그러나 광독성 문제가 불거지며 결국 사용이 금지되었다. 이 경우 역시 구조가 매우 닮은 머스크 케톤 musk ketone(그림 10-2)에는 독성이 없는 것으로 밝혀졌다. 이처럼 독성의 문제는 여전히 예측이 어려워서, 분자마다 면밀하게 실험해 그 독성을 확인하는 작업이 필요하다.

독성에 관한 규칙

향료뿐만 아니라 많은 화학물질의 안전성에 관한 규제는 국가별 그리고 국제적으로 정해져 운용되고 있다. 20세기 후반부터는 관련 규제 대부분이 국제적으로 적용되어 화학물질의 안전한 활용을 도모하고 있다. 1966년 '향료소재연구소Research Institute for Fragrance Materials, RIFM'라는 향료 관련 비영리기관이 미국에서 설립되었다. 여기서 말하는 '프래그런스'는 향수나 코롱 등을 포함한 화장품, 욕실 제품, 생활용품, 방향제 등에 사용되는 향료 전반을 의미한다. RIFM은 향료로서 함유된 성분의 안전성을 평가하는 것을 목적으로 설립된 독립기관으로, 전 세계 향료회사와 화장품 회사 등 민간기업이 운영하고 있다. 이 기관에서 안전성에 관한 각종 자료 수집과 분석 그리고 공유화를 진행한다. 지금까지 1,300종류가 넘는 향료에 관한 시험을 RIFM이 실시해왔다.

또 다른 기관으로 '국제향료협회International Fragrance Association, IFRA'라는 단체가 있다. 1973년 세계 각국의 향료회사가 모여 설립한 이 협회의 본부는 브뤼셀에 있다. 주로 화장품 등에 이용되는 향료가 생물에 미치는 영향에 관한 과학적 연구와 조사를 진행한다. 또 자체 연구에 근거한 자율 규제 시행규약code of practice을 발행해 업계 전체가 이를 준수하도록 권고한다. 이러한 활동을 각국 정부 기관 및 국제보건기구와도 연계해 관련 문제를 이끌어가는 형태로 활동하고 있다. 한국의 경우, 한국향료공업협회가 IFRA의 기관사로서 활동하고 있다.

따라서 이들 조직과 연계해 활동하는 기업들이 제조하는 향료의 안전성은 확보되었다고 봐도 무방하다. 그러나 누누이 설명했듯, 독성에 관한 과학적 이해는 아직 충분하지 않다. IFRA의 규제 이유에도 근거가 불충분한 것이 아직 많아 보인다. 더불어 독성 발현 정도는 개인의 체질이나 사용환경, 상황 등에 따라 크게 달라진다. 그러므로 안전성에 의문이 생길 때는 즉시 사용을 중지하는 것이 중요하다. 자연 유래든 화학적 합성품이든 향료를 사용할 때는, 그들 모두가 화학물질이라는 사실을 명심해야 한다.

11장

기분 좋은
향의 비밀

복수의 향 조합

아로마정유나 향수 안에는 복수의 성분분자가 들어있다. 그 향 분자 성분은 동시에 또는 시간 차를 두고 우리의 후각을 자극하면서, 향의 개성을 만들어낸다. 향수의 경우 시간에 의해 향이 변화하는 것은 큰 매력 중 하나다. 향 분자는 기체가 되어 후각세포 도달할 필요가 있으니, 각 성분의 휘발성이 중요한 인자가 된다. 단일 분자의 휘발성을 알아내는 건 간단하다. 하지만 아로마정유나 향수처럼 복수의 성분이 함유될 경우, 각 분자의 휘발성을 파악하는 것은 어려운 문제가 된다. 각 성분의 분자 간 상호작용이 휘발성에 중요한 역할을 하기 때문이다.

　실용적으로는 각 향기 성분의 휘발성을 3개의 계층으로 분류해 생각하는 것이 일반적이다. 이 개념으로 보면 향의 특징을 이해하기 쉽고, 우리의 실제 체험과도 잘 맞는다. 그 3계층이란 탑 노트top note, 미들 노트middle note 그리고 베이스 노트base note이다.

탑 노트는 향의 제1 인상을 말한다. 향을 뿌린 후 최초 10분간 풍기는 향이다. 처음 기화되어 나오는 향이니까 평균적으로 보면 분자량이 작고 끓는점도 낮은 분자들이다. 실제로는 끓는점이 160~220℃에 속하는 분자가 많다. 향의 질은 시트러스, 그린, 허벌, 프루티, 알데히드처럼 윤곽이 뚜렷한 특징을 지닌다.

미들 노트는 향의 중핵을 이루는 것으로, 여기에 기여하는 분자의 끓는점은 250℃ 부근이다. 뿌린 후 3시간 정도까지 향을 풍긴다. 다음에 오는 향인 베이스 노트의 향 분자 중에는 향이 나기 시작할 때 약간 불쾌함이 느껴지는 것도 있다. 미들 노트는 그 향에 의한 불쾌함을 누그러뜨리면서, 향이 깊이 있게 지속성을 갖도록 돕는 역할을 한다. 향의 질은 주로 플로랄계이다.

베이스 노트는 모든 잔향에 공헌하는 향이며 뿌린 후 12시간 이후까지도 남는다. 끓는점은 대략 280~320℃이며, 휘발성이 낮은 분자로 이루어져 있다. 분자량 역시 크다. 베이스 노트에 기여하는 분자는 향수의 지속성에 중요한 역할을 하며, 다른 향 분자와 연결되어 기화를 늦추는(지속성을 높이는) 보완재로도 작용한다. 향의 질은 우디, 머스크, 모시, 앰버, 발삼 등 중후한 것이 많으며 그 향의 최종적인 인상을 좌우한다.

표 11-1은 주요 천연 아로마정유를 노트에 따라 분류한 결과이다. 천연 아로마정유 중에는 복수의 노트로 분류되는 것들이 있다. 천연 아로마정유는 매우 많은 성분의 혼합물이고, 끓는점

표 11-1 노트에 따라 분류한 천연 아로마정유

탑 노트	미들 노트	베이스 노트
레몬	로즈	로즈 abs (-M)
오렌지	네롤리(-T)	재스민 abs (-M)
베르가모트	제라늄	샌들우드
라벤더(-M)	쥬니퍼베리	프랑킨센스(올리버넘)
로즈메리	카모마일	벤조인
페퍼민트	일랑일랑(-B)	오렌지 플라워 abs (-M)
유칼립투스	클로브	오크모스 abs
티트리(-M)	타임	클라리세이지 (-M)
라임	피멘토	시더우드
페티그레인	시나몬(-T)	베티버
마조람		파촐리
코리앤더		바닐라
갈바넘(-M)		스타이랙스
		아이리스(-M)

표 11-2 노트에 따라 분류한 합성향료

탑 노트	미들 노트	베이스 노트
리날룰	테르피네올	시스-자스몬
초산 리나릴	제라니올	이오논
로즈옥사이드	시트로넬롤	파르네솔
초산 에틸	초산 제라닐	메틸이오논
리모넨	초산 시트로넬랄	바닐린
캠퍼	푸닐에틸알코올	쿠마린
벤즈알데히드	시트랄	헬리오트로핀
옥틸알데히드	오이게놀	신나밀알코올
	보르네올	γ-데카락톤
	시트로넬랄	이소이수퍼
	초산 벤질	라이랄
	티몰	앰브록산
	헤디온	머스크류
	지방족 알데히드류	

이 서로 다른 여러 성분분자에 의해 그 특징이 표현되기 때문이다. 또 앱솔루트는 끓은점이 높은 분자까지 포함하기 때문에, 베이스 노트에 많이 사용된다. 천연 아로마정유가 어느 노트에 기여하는가는 함유한 분자 특징에 의해 결정된다. 레몬 등 감귤계에 함유된 향기 성분의 대부분은 리모넨이며, 끓는점이 낮은 리모넨이 천연 아로마정유의 탑 노트에 기여한다. 반면 샌들우드의 특징적인 향 분자인 산탈롤의 끓는점은 302℃로, 베이스 노트에 기여한다.

탑 노트, 미들 노트, 베이스 노트는 정확하게 시간차를 두고 기화하는 것이 아니다. 비율적으로 작을지언정 베이스 노트 향 역시 이른 단계에서 살짝 느껴진다. 즉 탑 노트나 미들 노트, 베이스 노트의 섬세한 혼합 상태가 그 향수의 개성을 만든다고 말할 수 있다. 이 혼합 상태는 각 향 분자 간 상호 작용으로 결정되지만, 그것까지 예측해 향을 만드는 것은 현 상태에서는 어렵다. 그리고 최종적으로 향을 주도하는 건 베이스 노트이다. 향수 가게에서는 여러 종의 향수 시향지를 한쪽에 담아두는데, 시간이 경과한 뒤 이들을 다시 맡아보면 모두 비슷하게 느껴지기도 한다. 조향사가 아닌 필자의 경우에는 정말 그렇다. 이는 베이스 노트에 사용되는 향 분자가 그다지 폭넓지 않다는 걸 반증한다. 물론 베이스 노트가 명확하게 달라서 깜짝 놀라는 경우가 있기는 하지만 말이다.

그림 11-2는 주요 향료분자를 노트에 따라 분류한 결과이다. 순수한 분자들을 대상으로 했지만, 노트에 따른 분류는 사람마다 조금씩 다르기도 한 것 같다. 노트에 따른 분류는 감성을 통한 분류이므로 완전한 규격화는 어렵다는 점을 이 예로도 알 수 있다.

향수에서 볼 수 있는 향 분자의 조성

향수의 향 분자 구성을 조금이라도 알게 되면, 향수를 즐기는 법도 꽤 달라진다. 이번 장에서는 현재 시중에서 가장 인기 있는 남성 및 여성용 향수 2종씩을 골라 그들의 향 분자 구성을 간단하게 살펴보기로 한다.

이들 향수에 들어있는 성분의 성질을 표 11-3 및 11-4에 나타냈다. 분자 간 보고된 끓는점의 폭이 클 경우, 저온 분자의 끓는점을 나타냈다. 증기압은 20~25로 측정한 것이다.

남성용 향수 중 하나는 불가리Bulgari사의 '불가리 뿌르 옴므 Bulgari pour homme'이다. 6종의 향 분자가 포장재에 기재되어 있다. 끓는점으로 판단해 보면, 탑 노트에는 리모넨과 리날룰이 주로 기여한다. 따라서 시트러스하며 스위트한 향이 앞선다.

미들 노트는 시트랄, 제라니올 그리고 하이드록시시트로넬랄으로 구성되어 있으므로 레몬 같은 시트러스가 꼬리를 길게 끌면서, 장미와 백합도 느껴지는 스위트하고 플로랄한 향이 한동안 지속된다.

베이스 노트는 라이랄(하이드록시이소헥실-3-사이클로헥센카복시알데히드)로 만들어져 있다. 따라서 뮤게나 시클라멘의 향이 마지막까지 남는 경쾌한 꽃 향의 향수임을 알 수 있다. 이 향수를 필자가 직접 사용한 적 있는데, 이 같은 향의 변화를 몸소 실감할 수 있었다.

또 하나의 남성용 향수는 알랭드롱ALan DeLon사의 '사무라이Samourai'이다. 11종의 향 성분분자가 상품에 표시되어 있다. 끓는 점으로 판단하면 탑 노트에 기여하는 것은 리모넨, 리날룰 그리고 벤질알코올이다. 따라서 탑 노트는 시트러스한 향이지만, 거기에 벤질알코올이 더해져 장미의 플로랄한 분위기가 감도는 둥글둥글한 느낌이다.

미들 노트는 시트로넬롤, 시트랄, 제라니올 그리고 부틸페닐메틸프로피오날로 구성되므로 시트러스한 여운을 남기면서 장미와 뮤게 향이 느껴지는 플로랄하고 화사한 분위기가 된다.

베이스 노트는 α-메틸이오논, 쿠마린, 라이랄 그리고 안식향산 벤질로 이루어진다. 따라서 차분한 플로랄과 함께 우디, 발삼 그리고 허벌한 향이 감돈다. 필자의 경우 이 향수에서는 증기압이 높은 쿠마린 향을 비교적 강하게, 미들 단계부터 느낀다.

표 11-3 향수의 향 구성(남성용 향수)

	성분명	분자량	끓는점 (C:760mmHg)	증기압 (mmHg)	향기 계
Bulgari pour homme	리모넨	136.23	175.0	0.198	시트러
	리날룰	154.25	198	0.16	플로랄
	시트랄	152.23	228	0.200	시트러
	제라니올	154.25	229.0	0.021	플로랄
	하이드록시시트로넬랄	172.26	241.0	0.003	플로랄
	라이랄	210.31	318.65	0.000029	플로랄
Samourai	리모넨	136.23	175.0	0.198	시트러
	리날룰	154.25	198	0.16	플로랄
	벤질알코올	108.13	205	0.094	플로랄
	시트로넬롤	156.26	225	0.02	플로랄
	시트러스	152.23	228	0.2000	시트러
	제라니올	154.25	229.0	0.021	플로랄
	부틸페닐메틸프로피오날	204.31	250.0	0.005	플로랄
	a-메틸이오논	206.32	238	0.003	파우더
	쿠마린	146.14	297	0.1	발사
	라이랄	210.31	318.65	0.000029	플로랄
	안식향산벤질	212.24	323	0.00025	발사

여성용 향수의 첫 번째는 랑방Lanvin사의 '에끌라 다르페쥬Eclat
d'Arpege'이다. 이 향수의 구성은 비교적 간단해서 총 4개 성분으로
이루진다. 탑 노트는 리모넨으로, 프레시하고 시트러스한 향이
다. 미들 노트는 시트랄과 부틸페닐메틸프로피오날로 구성되어,
시트러스가 플로랄로 바뀌며 뮤게 향이 부각된다. 베이스 노트는

향의 강도	향의 특징	유지시간 (시간)
중	시트러스, 오렌지, 프레시, 스위트	4
중	시트러스, 플로랄, 스위트, 로즈 우드, 우디, 그린, 블루베리	12
중	샤프, 레몬, 스위트	12
중	스위트, 플로랄, 프루티, 로즈, 왁시, 시트러스	60
중	플로랄, 릴리, 스위트, 그린, 왁시, 트로피칼, 멜론	218
중	플로랄, 뮤게, 시클라멘, 루바브, 우디	400
중	시트러스, 오렌지, 프레시,스위트	4
중	시트러스, 플로랄, 스위트, 로즈 우드, 우디, 그린, 블루베리	12
중	플로랄, 로즈, 페놀, 발사믹	35
중	플로랄, 레더, 왁스, 로즈, 시트러스	56
중	샤프, 레몬, 스위트	12
중	스위트, 플로랄, 푸루티, 로즈, 왁시, 시트러스	60
중	플로랄, 뮤게, 워터, 그린, 파우더리, 커민	236
중	스위트, 파우더리, 푸루티, 플로랄, 바이올렛, 비즈왁스, 오리스, 우디	불명
중	스위트, 건초, 통카, 벚꽃	218
중	플로랄, 뮤게, 시크라멘, 루바브, 우디	400
저	스위트, 발삼, 오일리, 허벌	322

라이랄이다. 따라서 뮤게나 시클라멘이 연상되는 달고 플로랄한 향이 지속된다.

클로에Chloe사의 오드퍼퓸Eau de parfum의 탑 노트도 리모넨과 리날룰이다. 성분만으로도 그 향의 분위기가 떠오를 것이다. 미들 노트는 시트로넬롤, 제라니올이다. 따라서 여운이 강한 장미, 제

표 11-4 향수의 향 구성(여성용 향수)

	성분명	분자량	끓는점 (C:760mmHg)	증기압 (mmHg)	향기 계통
Eclat d'Arpege	리모넨	136.23	175.0	0.198	시트러스
	시트랄	152.23	228	0.200	시트러스
	부틸페닐메틸프로피오날	204.31	250.0	0.005	플로랄
	라이랄	210.31	318.65	0.000029	플로랄
Eau de parfum	리모넨	136.23	175.0	0.198	시트러스
	리날룰	154.25	198	0.16	플로랄
	시트로넬롤	156.26	225	0.02	플로랄
	제라니올	154.25	229.0	0.021	플로랄
	a-이소메틸이오논	206.32	231	0.006	플로랄
	하이드록시시트로넬랄	172.26	241.0	0.003	플로랄
	부틸페닐메틸프로피오날	204.31	250.0	0.005	플로랄
	라이랄	210.31	318.65	0.000029	플로랄
	살리실산벤질	228.24	320	0.00017	발사믹
	헥실신남알	216.32	336.32	0.001	플로랄

비꽃, 아이리스, 백합 그리고 뮤게가 연상되는 화사함과 플로랄한 향을 만들어낸다. 베이스 노트는 라이랄, 살리신산 벤질, 헥실신남알로 구성된다. 그로 인해 뮤게에서 재스민으로 바뀌는 조금 묵직한 플로랄과 허벌, 우디하고 그린함을 느끼게 하는 차분한 느낌의 향이 난다.

이상의 향 분석은 각 향수에 관해 공개된 성분분자 및 필자가 개인적으로 체험한 인상을 바탕으로 한 것이다.

향의 강도	향의 특징	유지시간 (시간)
중	시트러스, 오렌지, 프레시, 스위트	4
중	샤프, 레몬, 스위트	12
중	플로랄, 뮤게, 워터, 그린, 파우더리, 쿠민	236
중	플로랄, 뮤게, 시크라멘, 루바브, 우디	400
중	시트러스, 오렌지, 프레시, 스위트	4
중	시트러스, 플로랄, 스위트, 로즈 우드, 우디, 그린, 블루베리	12
중	플로랄, 레더, 왁스, 로즈, 시트러스	56
중	스위트, 플로랄, 프루티, 로즈, 왁시, 시트러스	60
중	바이올렛, 스위트, 오리스, 파우더리, 플로랄, 우디	124
중	플로랄, 릴리, 스위트, 그린, 왁시, 트로피칼, 멜론	218
중	플로랄, 뮤게, 워터, 그린, 파우더리, 쿠민	236
중	플로랄, 뮤게, 시크라멘, 루바브, 우디	400
저	발삼, 허벌, 오일리, 스위트	384
중	프레시, 플로랄, 그린, 재스민, 허벌, 왁시	400

필자는 조향사가 아니다. 따라서 전문가의 묘사분석과 일치하지 않는 부분도 있을지 모른다. 그러나 이러한 향 구성을 의식하며 단계별로 느끼다 보면, 전문가가 아닐지라도 의외로 성분 차이를 잘 식별할 수 있게 된다.

물론 과학자로서의 습성이 작용했을지 모르지만, 흥미가 있는 독자라면 필자가 했던 것처럼 각 향수의 성분분자가 시간에 따라 어떻게 달리 느껴지는지 시험해보면 좋을 듯하다. 다만 인간이 향수를 즐기는 이유는 그러한 분석이 아니라 시간과 함께 흘러가는 향의 이야기이다. 그러니 굳이 미간에 주름까지 만들면서까지 식별하려 애쓸 필요가 없을지도 모른다.

마지막으로

'좋은 향'은 이제 쾌적하고 행복한 생활을 영위하기 위해 빼놓을 수 없는 조건이 되었다. 그런 상황에서 우리가 '좋은 향'을 삶의 질 향상에 잘 활용하기 위해서는, '향'의 실체에 대한 최소한의 과학 지식을 갖출 필요가 있다. 그러나 유감스럽게도 우리는 '향'에 관해 체계적인 지식을 습득할 기회가 거의 없었다.

이 책은 '좋은 향'을 이해하고 활용하는 데 필요하다고 여겨지는 과학적 지식을 최대한 간단하게 정리해 보자는 의도로 집필했다. 시각이나 청각 연구와 비교하면, 후각에 관한 과학적 연구는 너무 많이 처져 있는 게 현실이다.

좀 더 깊고 명쾌한 설명을 기대한 독자라면 이 책을 읽고 낙담했을지 모르겠다. 다만 과학의 발전이 모든 분야에서 보조를 맞추어 진행되는 것이 아니며, 후각에 관한 연구가 뒤처진 건 학자들이 소홀해서라기보다 연구를 매우 어렵게 만드는 실질적 원인에 기인한다는 사실을 새로 알게 되었을 것이다. 즉 후각은 매우 원시적인 감각이며, 과학적 연구를 가로막는 난제들이 지금도 여전히 학자들을 곤경에 빠뜨리고 있다. 앞으로 여러 방향에서 과학적 연구가 진행된다면 '좋은 향'의 이용 범위와 가능성은 큰 폭으로 확대될 것으로 보인다.

과거 '좋은 향'은 매우 고가였고, 돈과 권력을 지닌 극소수만 사용할 수 있는 사치품이었다. '좋은 향'이 비로소 우리 삶 가까이, 일상적으로 함께할 수 있는 필수품으로 자리잡을 수 있었던 건 근대 화학의 발전 덕이었다. 나아가 최근에는 '좋은 향'이 우리의 기분을 편안하고 행복하게 만들어주며, 알츠하이머나 스트레스 등 현대인의 여러 병증을 덜어줄 수 있다는 가능성까지 제기되고 있다. 그러한 기대에 부응해 과학적 근거도 서서히 축적되고 있다.

이제 우리는 '좋은 향'을 패션의 일부로서 걸치던 시대에서, 삶의 질 향상에 적극 활용하는 단계로 접어들었다. 즉 향은 사치품에서 생활필수품이 되어가고 있다.

'좋은 향'을 삶의 질 향상에 활용하고자 하는 사람들이 이 책을 통해 다소나마 지적 호기심을 풀 수 있기를 바란다. 나아가 약진하는 젊은 연구자가 많이 나타나는 데 조금이라도 기여할 수 있다면 더할 나위 없이 좋겠다.

보충설명
– 화학구조를 알아본다

가령 아로마정유에는 여러 가지 향 분자가 함유되어서, 향에 관한 다양한 것을 이해하려면 그들 분자가 어떤 화학구조로 이루어져 있는지 알아야만 한다. 복수의 향 분자를 각각 분리하기 위해서는 가스 크로마토그래피가 매우 편리하다. 그러나 분리된 각 분자의 화학구조를 아는 것은 가스 크로마토그래피로는 불가능하다.

화학구조를 알기 위해서는 여러 분석방법을 통해 분자에서 화학구조에 관한 정보를 찾아내고, 이를 종합해 해석할 필요가 있다. 분자의 화학구조를 아는(추정하는) 방법에는 여러 가지가 있다. 다만 이 '보충설명'에서는 질량 분석, 적외선흡수 스펙트럼, 그리고 핵자기공명을 이용해 화학구조를 어떻게 추정하는지 간단하게 설명한다.

실은 이러한 방법을 구사해도 화학구조를 단번에 알아내기 불

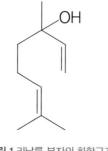

그림 1 리날룰 분자의 화학구조

가능한 것이 적지 않다. 그 경우에는 또 다른 분석법을 동원해야 한다. 이런 갖가지 방법을 통해 학자들은 분자의 화학구조뿐만 아니라 그 분자의 성질 및 특질에 대해서도 깊게 알 수 있다. 여기서는 라벤더에 함유된 주요 향 성분 중 하나인 리날룰 분자(그림 1)의 화학구조가 이러한 방법으로 어떻게 추정되는지에대해 설명한다.

질량분석법

질량분석법은 영어로 mass spectrum, MS라 한다. 직역하면 질량 스펙트럼법이지만, 통상 '질량분석법' 혹은 MS라는 용어로 쓰인다. 질량이란 간단하게 말해 무게(정확히는 다르지만)이다. 세상에는 방대한 종류의 분자가 존재하는데, 질량이 완전히 같은 분자는 거의 없다. 따라서 어떤 분자의 질량을 알면, 그 분자의 화학구조는 일정 범위로 좁혀진다.

그렇다면 분자의 질량은 어떻게 측정할까? 분자는 너무나 작다. 하나씩 집어서 무게를 측정하는 건 불가능하다. 진공 상태에

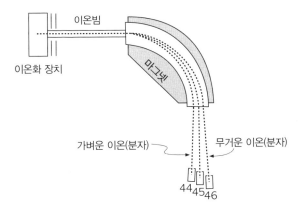

그림 2 질량분석계의 간단한 구조

서 분자에 전자를 부딪혀 분자 안의 전자를 날린다. 그러면 분자
는 이온화한다. 이온화한다는 것은 +전기를 띤다는 것을 의미한
다. 전기를 가진 입자의 운동 방향은 자장에 의해 구부러진다. 그
때 가벼운, 즉 질량이 작은 입자일수록 크게 구부러진다. 자장에
의해 구부러진 강도에 따라 질량의 크기가 다른 이온을 나누는
것이 가능하다. 이를 그림 2의 모식으로 나타냈다. 이 그림에서
는 알기 쉽도록 질량이 44, 45 그리고 46인 이온을 식별하는 상
황을 보여준다.

그림 2에서 볼 수 있듯 분자에 전자를 부딪혀 분자 전체 중 한
개의 전자가 떨어져 나오면, 그 분자의 질량에 해당하는 이온이
만들어지는 것이다. 그렇게 하면 문제없이 그 분자의 질량을 알
수 있다. 안정적인 분자일 경우, 이 방법이 가능하지만 가령 리날

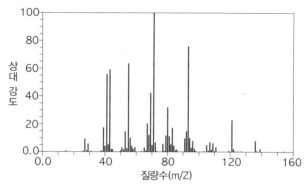

그림 3 리날룰의 질량분석 결과

룰 같은 분자에 전자충격을 가하면 분자가 바로 붕괴해 조각나
버린다. 다만 조각들은 그 분자 고유의 것이므로 조금 더 복잡하
더라도 어떤 분자조직이 만들어지는지만 알면, 분자의 화학구조
를 추정할 수 있다. 전자를 맞추고 분자를 조각화 또는 이온화하
는 방법을 전자충격법electron impact: EI이라고 한다.

그림 3은 리날룰의 질량분석 결과를 나타낸 것이다. 가로축이
질량수(분자량에 해당한다), 세로축이 그 이온의 강도이다. 이렇게
함유된 복수의 정보를 분리 · 전개해 표시한 것을 스펙트럼이라
고 한다.

리날룰의 분자량은 154(소수점 이하는 표시하지 않는다)이므로,
만약 리날룰 자체가 +이온이 되면 스펙트럼 상의 154 눈금 주변
에 해당하는 피크가 나올 것이다. 그러나 앞서 설명한 것처럼 이
분자는 전자충돌로 인해 붕괴하기 쉽다. 따라서 가장 큰 질량수

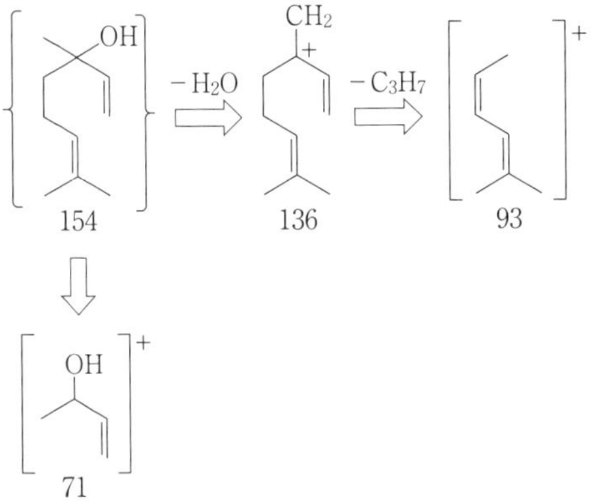

그림 4 질량분석계를 통해 얻은 리날룰 조각들의 정보

피크는 136에 보인다. 이는 전자충돌로 하이드록시기 주변 물 분자에 해당하는 구조가 떨어져 만들어진 이온에 해당한다(그림 4). 물 분자의 분자량이 18이므로 154−136=18로 수가 맞는다. 이 분자 조각은 전자충격으로 더 쪼개져서 질량수 93 분자조직이 된다. 한편 다른 결합도 절단되어 질량수 71의 분자조직도 생긴다. 물론 실제로 전자에 의해 분자가 붕괴될 때에는 이외의 다른 반응들도 일어나기 때문에, 지금 설명한 조각들 외에도 다수의 피크가 보인다. 그럼에도 지금까지 설명한 조각화 유형으로 볼 때 이 단편화는 리날룰에 의한 것이라고 예상할 수 있다. 완전히 같은 분해 패턴이 다른 분자에서 일어날 확률은 매우 낮기 때문이다. 즉 질량분석 결과, 이 분자는 아마도 리날룰이며, 화학구조는 그림 1과 같으리라고 추정할 수 있다.

리날룰 화학구조가 그림 1이라는 것을 알고 있지 않으면, 그림 4의 해석은 당연히 어려워진다. 화학구조에 대한 정보가 전혀 없을 경우, 질량분석으로 화학구조를 완전하게 파악하기는 매우 어렵다. 그러나 향 분자를 분석할 때는 함유된 분자 종류에 대해 미리 알고 있으므로, 질량분석계는 손쉽고 유효한 방법이 된다. 질량분석 기법은 최근에 큰 발전을 이루어서 향료처럼 작은 분자뿐만 아니라 단백질처럼 거대한 분자를 분석하는 데도 유용하게 쓰인다. 질량분석계의 발전 덕에 생화학과 의료학 영역이 최근 큰 발전을 이루고 있다. 다나카 고이치 선생이 질량분석계 연구로 2002년 노벨화학상을 수상한 것이 아직도 많은 이들의 기억에 생생할 것이다.

가스 크로마노그래피에서 분리된 분자를 바로 질량분석계에 입력하면, 그대로 각 리텐션 타임에 나오는 분자 화학구조에 관한 정보를 얻을 수가 있어서 편리하다. 실제로 이러한 측정을 위한 가스 크로마토그래프질량분석계(GC/MS)가 만들어져서, 향 성분 분석에도 널리 활용되고 있다.

적외선흡수 스펙트럼법

질량분석법은 효과적이지만 원리상 질량수만 알 수 있다. 화학구조는 어디까지나 추정할 뿐이다. 그래서 통상 화학구조에 관해

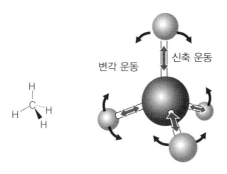

그림 5 메탄분자 속 원자의 운동

힌트를 줄 수 있는 다른 분석방법을 병행한다.

햇살 아래에 둔 물건이 변색되는 현상을 우리는 일상적으로 경험한다. 태양에서 온 빛에는 여러 파장의 스펙트럼이 존재한다. 우리의 눈에 보이는 빛은 무지개의 7색 범위이다. 변색된다는 것은 빛이 물질에 흡수되어 화학반응이 일어나는 것이다. 물질의 종류, 즉 그것을 구성하는 분자에 따라 흡수되는 빛의 파장은 다르다. 자외선이 우리의 피부에 큰 영향을 주는 것은 우리 피부가 그 빛을 잘 흡수하기 때문이다. 역으로 흡수된 빛의 파장을 알면, 그 물질을 구성하는 분자의 화학적 구조에 관한 정보를 얻을 수도 있다.

일본의 전통 난방기구인 고다쓰(열선테이블)는 스위치를 켜면 따뜻해진다. 적외선이 의복 등에 흡수되어 그것을 이루는 분자를 흔들어 움직이기 때문이다. 분자가 운동하면 열이 된다. 그림 5와 같이 메탄분자는 탄소 원자와 수소 원자가 서로 결합되어 만

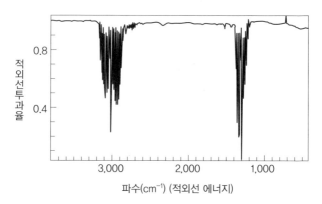

그림 6 메탄분자의 적외선 흡수 스펙트럼

들어진다. 이 분자 안에 결합한 원자들이 움직이는 방법은 적어

도 두 가지가 있다. 하나는 H-C-H의 결합을 늘였다 줄였다 하

는 움직임(신축伸縮)이다. 다른 하나는 H-C-H의 C를 중심으로

양옆의 H가 새의 날개처럼 날갯짓하는 듯한 움직임(변각)이다.

정지한 메탄분자에 특정 범위의 파장을 가진 적외선을 쐬면, 이

신축 또는 변각 운동이 일어난다.

달리 표현을 하자면, 쏘여진 적외선 중 이 운동을 시키기에 필

요한 에너지를 지닌 적외선이 메탄분자에 의해 흡수되어 버린다.

그림 6은 메탄분자의 적외선 흡수 스펙트럼을 표시한 것이다.

가로축은 적외선 에너지, 세로축은 통과한 적외선의 강도를 나타

낸다. 1은 전부 통과했다는 것을 의미한다. 적외선 흡수 스펙트럼

에서 에너지는 보통 파수라는 파장의 역수 양으로 나타내지만, 여

기서는 더 깊이 파고들지 않겠다. 숫자가 클수록 에너지가 높아

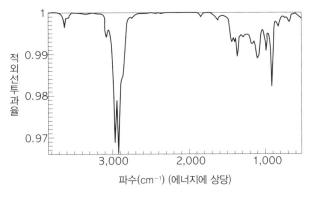

그림 7 리날룰의 적외선 흡수 스펙트럼

진다고 생각하면 충분하다. 표를 보면, 매우 심하게 굵힌 피크 부분이 있는데, 크게 두 군데 그룹이 되는 것을 알 수 있다. 하나는 $1300cm^{-1}$ 부근, 또 하나는 $3020cm^{-1}$ 부근이다. 전자가 H-C-H의 날갯짓 운동, 후자가 C-H의 신축 운동에 해당한다. 분자의 운동은 실제로는 복잡해서, 이 외에 다른 피크가 보이지만, 메탄분자가 있다는 사실을 이 스펙트럼은 분명히 확인해준다.

리날룰의 적외선흡수 스펙트럼을 그림 7에 나타냈다. 메탄보다는 훨씬 복잡해진다. 그러나 이 스펙트럼은 중요한 정보를 준다. 우선 $3600cm^{-1}$ 부근의 폭이 넓고 작은 단일 피크가 보인다. 이는 O-H의 결합 신축에 근거한 것이다. 이를 통해 이 분자가 하이드록시기(-OH)를 갖고 있음이 분명해진다. 다음으로 메탄분자의 C-H 결합 신축에 해당하는 피크가 $3000cm^{-1}$ 부근에 보인다. C-H의 존재가 확인되는 것이다. 여기에 복수의 피크가 나타나는 것은 =C-H형의 C-H 결합이 존재한다는 것을 말한다. 또 $1600cm^{-1}$ 부근의 피크는 C=C가 존재함을 시사한다. 물론 이 데이터로 곧장 리날룰의 화학구조를 알 수 있는 것은 아니지만, 적외선흡수 스펙트럼은 이러한 분자의 부분 화학구조(기능기도 포함한)에 대해 얻기 힘든 정보를 준다. 오래전부터 사용된 분석 방법이지만, 현재에도 매우 유용한 이유가 바로 여기에 있다.

핵자기공명 스펙트럼법

원자는 크게 나누어 원자핵과 전자로 구성된다. 몇 개의 원자핵은 핵스핀이라는 성질을 가지고 있다. 핵스핀을 하는 원자핵은 마치 지구처럼 자전한다. 그 회전 방향은 우회전과 좌회전이 있다. 원자핵은 전기(전하)를 갖고 있으므로, 회전하면 자장이 생긴다. 즉 이 원자핵은 작은 자석 같은 성질을 지닌다. 이것을 원자핵의 '자기모멘트'라고 표현한다. 모든 원자핵이 핵스핀 성질을 갖고 있는 것은 아니다. 유기화학물의 구조를 아는 데 중요한 원자핵은 ^1H와 ^{13}C이다. ^1H는 수소원자핵을 의미하지만, 수소 원자에서 전자를 분리한 상태를 화학에서는 프로톤이라고 하니까, 수소원자핵을 흔히 프로톤이라고 부른다. ^{13}C는 탄소 원자이지만 지구상에 가장 많이 존재하는 ^{12}C와 다르며, 원자핵에 중성자가

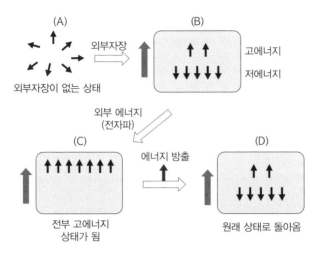

그림 8 핵자기공명 스펙트럼의 원리

1개 많이 함유된 동위체원소이다. 지금부터는 ¹H를 이용하는 경우에 대해 생각해 보자.

여기서는 수소원자핵의 소자석(자기모멘트)을 그림 8처럼 화살표로 나타낸다. (A)처럼 외부로부터의 영향이 없는 상황에서는 수소원자핵의 소자석은 제각각의 방향을 향한다. 여기에 바깥에서 자장을 걸면(B), 소자석은 외부자장 방향으로 배열된다.

외부자장과 반대 방향으로 향한 소자석의 배향配向은 안정(저에너지)되지만, 같은 방향으로 배향되면 불안정(고에너지)해진다. 이 외부자장 안에서 안정적인 배향을 한 소자석을 억지로 반대 방향으로 돌리려면, 에너지가 필요하다. 우리의 세계에서도 2개 자석의 N극을 가까이 하면 반발이 일어나서, 강제로 붙이려면 힘이 필요한 것과 같다. 원자핵의 경우 전자파 에너지를 가해 소자석을 불안정한 방향을 돌리는 것이 가능하다. 구체적으로는 자장을 건 상태에서 바깥에서부터 특정 범위 주파수의 전자파를 갖다 댄다. 주파수가 높을수록 에너지는 높아진다. 소자석을 외부자장과 같은 방향이 되도록 바꾸는 데 필요한 에너지를 원자핵이 흡수하는 순간, 소자석은 불안정한 방향이 된다(C). 적외선흡수 스펙트럼의 경우도 동일해서, 연속적 주파수(에너지)의 전자파가 있는 주파수 영역이 원자핵에 의해 흡수된다. 전자파 조사照射(에너지 보급)를 멈추면, 불안정한 배향을 했던 소자석의 방향은 본래의 안정적인 상태로 돌아간다(D). 그때 불안정한 상태와 안정적인 상태의 에너지 차를 전자파의 에너지로서 방출한다. 전자파 에너지가 소자석 방향을 불안정한 상태로 바꾸는 값을 '공명'이라는 말로 표현하고, 이러한 과정을 핵자기공명이라고 한다.

핵자기공명을 일으키는 에너지를 공명 주파수로 나타내면 숫자가 세세해진다. 거기에 기준물질을 사용하여, 우선 그 물질 안 원자핵의 공명주파수(H_0)를 구한다. 기준물질로는 보통 테트라메틸실레인(TMS, 그림 9)이라는 분자가 이용된다. 이 분자 중의 수소원자핵은 보통의 유기분자보다 더 높은 주파수로 공명하므로, 유기분자 중 대부분

그림 9 핵자기공명의 기준물질인 테트라메틸실레인.

의 수소원자핵 공명주파수는 이보다 낮다. 문제의 원자핵 공명주파수를 H_1이라고 했을 때의 $(H_1-H_0)/H_0$을 계산한다. H_0에 비해 H_1-H_0이 매우 작으니까 $(H_1-H_0)/H_0$는 ppm 단위가 된다.

이해를 돕기 위해 그림 10에 톨루엔이라는 분자의 수소원자핵에 의한 핵자기공명 스펙트럼을 그려두었다. 이를 통상 간단하게 NMR 스펙트럼, 프로톤 NMR 스펙트럼, 혹은 ^1H-NMR 스펙트럼이라고 한다.

톨루엔 분자에는 도합 8개의 수소원자핵이 있다. 수소원자핵은 크게 나누면 벤젠환에 결합한 5개(Ha)와 메틸기에 결합한 3개(Hb) 등 2개의 그룹으로 분류할 수 있다. 벤젠환의 탄소원자 간 화학결합은 일중결합과 이중결합의 중간 성질을 가지고 있으며, 벤젠환 내에는 전자가 자유롭게 흐르고 있다. 전자가 자유롭게 흐르는 곳에 자장을 가하면 그 자장과 반대 방향의 자장이 이 전자에 의해 생겨난다. 즉 벤젠환에 결합한 수소원자핵에 자장을 가하면 벤젠환 내 전자의 역방향 자장이 만들어지고, 일부는 상쇄된다(자기차폐磁気遮蔽). 따라서 이 수소원자핵의 소자석 방향을 반전시키려면, 보다 강한 에너지의 전자파를 가할 필요가 있다. 반면 메틸기의 수소원자핵 소자석을 반전시킬 때는 여분의 에너지가 필요하지 않다. 따라서 벤젠환에 결합한 수소 원자와 메틸기에 결합한 수소 원자는 서로 다른 주파수로 공명한다.

그림 10을 보자. 앞서 설명했듯 0ppm 부근은 기준분자에 의해

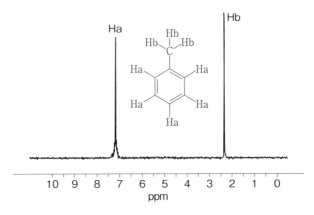

그림 10 톨루엔의 NMR 스펙트럼

결정된다. 그림에는 크게 두 개의 피크 집단이 보인다. 2.34ppm 의 피크①와 7~7.38ppm의 피크②이다. 지금까지의 설명을 통해 ②는 벤젠환에 결합한 수소 원자에 의한 것이며, ①은 메틸기의 수소 원자에 의한 것임을 추정할 수 있다. 각 피크 면적은 함유된 수소 원자 수에 비례한다. 이 경우 피크의 면적을 측정하면 5:3이 된다.

이처럼 NMR 스펙트럼에서는 분자 내에 들어있는 수소 원자 주변의 화학적 환경을 알려준다. 유기화합물에는 많은 수소 원자 가 들어있고, 각 수소 원자의 화학적 환경에 관한 정보는 그 분 자의 화학구조를 아는 데 매우 큰 도움이 된다.

앞서 설명한 질량분석 스펙트럼, 적외선흡수 스펙트럼, 그리고 NMR 스펙트럼을 이용하면 대부분의 분자 화학구조를 알 수가

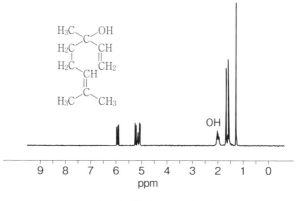

그림 11 라날룰의 NMR 스펙트럼

있다. 현재 천연에서 새로 발견된 분자뿐만 아니라, 합성화학적으로 얻어진 신규 분자의 화학구조 결정에는 이러한 스펙트럼이 주로 사용되고 있다.

이제 리날룰의 NMR 스펙트럼을 살펴보자(그림 11). 톨루엔보다 훨씬 복잡하다. 피크는 크게 두 개의 그룹으로 나뉜다. 리날룰의 화학구조를 알고 있으니, 이 스펙트럼의 해석은 그다지 어렵지 않다. 5ppm 이상의 피크는 벤젠환과 이중결합 등 전자가 많은 영역의 효과(자기차폐磁気遮蔽)를 가져오는 원자단에 수소 원자가 결합해 있다는 것을 보여준다. 이중결합을 통해 탄소 원자에 직접 결합하는 수소 원자는 4개다. 2ppm 이하의 수소 원자 근처에는 이중결합과 벤젠환은 없다고 보인다. 그러한 수소 원자는 13개가 있다. 메틸기($-CH_3$)와 메틸렌기($-CH_2-$)의 수소 원자는 동일하게 기능한다. 하이드록시기의 수소 원자는 약 2ppm에 나와 있다. 다른 피크에 비해 폭이 넓은데, 이는 샘플 중에 물이 많을 경우 하이드록시기의 수소 원자 피크에 나타나는 특징이다.

이중결합과 벤젠환이 근방에 있으면 그 부분에 존재하는 전자의 영향으로 인해 수소 원자의 공명주파수가 크게 변화한다는 것은 이미 설명했다. 사실 수소 원자는 주변에 있는 수많은 원자에 의해 크든 적든 반드시 공명주파수의 영향을 받는다(커플링이라고 한다). 따라서 스펙트럼은 복잡하지만 순서대로 각 피크의 특징을 해석함으로써, 어느 수소 원자가 어느 피크에 대응하는지를 알아낼 수 있다. 특히 냄새를 가진 분자를 구성하는 원자수는 그다지 많지 않기 때문에 이 해석은 그리 곤란한 게 아니다.

복수 스펙트럼의 정보를 종합적으로 해석해 분자의 화학구조를 추정하는 과정은 그야말로 지적 게임이다. 상대와 비교하는 게임과 달리 스스로에게 의지하는, 그야말로 자극적인 게임이라할 수 있다. 흥미를 느끼는 독자가 있다면, 부디 도전해 보기 바란다.

식물에 들어있는 향분자

식물의 종류	성분분자	함유량(%)
라벤더 (프랑스)	리날룰	44.4
	초산 리나릴	41.6
	초산 라반둘릴	3.7
	β-카리오필렌	1.8
	테르피넨-4-올	1.5
	보르네올	1
일랑일랑 (컴플리트)	게르마크렌 D	28.2
	안식향산 벤질	9.1
	(E,E)-α-파르네센	8.6
	초산 벤질	7.9
	리날룰	7.4
	β-카리오필렌	7.1
	초산 제라닐	3.7
	(E,E)-초산 파르네실	2.6
	α-카리오필렌	2.5
	(E)-초산 신남일	2.4
	(E,E)-초산 파르네솔	2.3
	안식향산 메틸	2
	안식향산(Z)-3-헥세닐	1.6
	바이사이클로 게르마크렌	1
	α-카지놀	1
	초산3-메틸-2-부테닐	1

오렌지 스위트 (이탈리아)	(+)-리모넨	93.7-95.6
	β-미르센	1.7-2.5
	사비넨	0.2-1.0
주니퍼베리	α-피넨	41.1
	β-미르센	15.2
	사비넨	9.8
	게르마크렌 D	6.3
	(+)-리모넨	3.1
	β-피넨	2.8
	δ-카디넨	2.7
	테르피넨-4-올	1.9
	게르마크렌 B	1.8
	β-카리오필렌	1.7
	α-카리오필렌	1.4
	β-엘레멘	1
제라니움 (이집트)	시트로넬롤	24.8-27.7
	제라니올	15.7-18.0
	리날룰	0.5-8.6
	폼산시트로넬랄	6.5-6.7
	이소메톤	5.7-6.1
	10-에피-g-유데스몰	5.5-5.7
	폼산제라닐	3.6-3.7
	부티르산 제라닐	1.5-1.9
	티글릭산 제라닐	1.5-1.9
	β-카리오필렌	1.2-1.3
	구아이아-6,9-젠	0.3-1.2
	게르마크렌 D	0.3-1.2
	프로피온산 제라닐	1.0-1.1
	(Z)-로즈옥시드	0.9-1.0

티트리	테르피넨-4-올	39.8
	γ-테르피넨	20.1
	α-테르피넨	9.6
	테르피네렌	3.5
	1,8-시네올	3.1
	α-테르피네올	2.8
	ρ-시멘	2.7
	α-피넨	2.4
	(+)-아로마덴드렌	2.1
	란덴	1.8
	δ-카디넨	1.6
	(+)-리모넨	1.1
페퍼민트	(-)-멘톨	19.0-54.2
	멘톤	8.0-31.6
	(-)-초산 멘틸	2.1-10.6
	네오멘톨	2.6-10.0
	1,8-시네올	2.9-9.7
	(6R)-(+)-멘토프란	미량-9.4
	이소멘톤	2.0-8.7
	테르피넨-4-올	0-5.0
	(1R)-(+)-β-프레곤	0.3-4.7
	(+)-리모넨	0.8-4.5
	게르마크렌 D	미량-4.4
	β-카리오필렌	0.1-2.8
	(E)-사비넨	0.2-2.4
	β-피넨	0.6-2.0
	피페리톤	0-1.3
	이소멘톨	0.2-1.2

유칼립투스	1,8-시네올	65.4-83.9
	α-피넨	3.7-14.7
	(+)-리모넨	1.8-9.0
	글로블룰	미량-5.3
	(E)-피노카르베올	2.3-4.4
	p-시멘	1.2-3.5
	(+)-아로마덴드렌	0.1-2.2
레몬	(+)-리모넨	56.6-76.0
	β-피넨	6.0-17.0
	γ-테르피넨	3.0-13.3
	α-테르피네올	0.1-8.0
	α-피넨	1.3-4.4
	제라니알	0.5-4.3
	사비넨	0.5-2.4
로즈메리 (모로코)	1,8-시네올	39.0-57.7
	캠퍼	7.4-14.9
	α-피넨	9.6-12.7
	β-피넨	5.5-7.8
	β-카리오필렌	0.5-6.3
	α-카리오필렌	0.1-5.4
	보루네올	3.0-4.5
	캠펜	3.2-4.0
	α-테르피네올	0-3.1
	γ-시멘	0.9-2.5
	(+)-리모넨	1.5-2.1
	리날룰	0.7-1.7
	β-미르센	0.7-1.6
	테피넨-4-올	0.5-1.2
	γ-테르피넨	0-1.2

베르가모트	(+)-리모넨	27.4–52.0
	초산 리나릴	17.1–40.4
	리날룰	1.7–20.6
	사비넨	0.8–12.8
	γ-테르피넨	5.0–11.4
	β-피넨	4.4–11.0
	α-피넨	0.7–2.2
	β-미르센	0.6–1.8
	초산 넬릴	0.1–1.2
프랑킨센스	α-피넨	10.3–51.3
	α-펠란드렌	0–41.8
	(+)-리모넨	6–21.9
	β-미르센	0–20.7
	β-피넨	0–9.1
	β-카리오필렌	1.9–7.5
	ρ-시멘	0–7.5
	테르피넨-4-올	0–6.9
	벨베논	0–6.5
	사비넨	0–5.5
	리날룰	0–5.4
	α-투옌	0–4.5
	초산 보르닐	0–2.9
	δ-3-카렌	0–2.6
	δ-카디넨	0–2.3
	캠펜	0–2.0
	α-카리오필렌	0–1.8

재스민 (앱솔루트)	초산 벤질	15.0–24.5
	안식향산 벤질	8.0–20.0
	피톨	7.0–12.5
	2,3–옥시드스쿠알렌	5.8–12.0
	이소피톨	5.0–8.0
	초산피틸	3.5–7.0
	리날룰	3.0–6.5
	스쿠알렌	2.5–6.0
	제라닐–리날룰	2.5–5.0
	인돌	0.7–3.5
	(Z)–자스몬	1.5–3.5
	오이게놀	1.1–3.0
	(Z)–자스몬산 메틸	0.2–1.3
	자스모락톤	0.3–1.2
	안식향산 메틸	0.2–1.0
장미(다마스크, 불가리 아)	(−)–시트로넬롤	16.0–35.9
	제라니올	15.7–25.7
	알켄 및 알칸류	19.0–24.5
	네롤	3.7–8.7
	메틸오이게놀	0.5–3.3
	리날룰	0.4–3.1
	초산 시트로네랄	0.4–2.2
	에틸알코올	0.01–2.2
	2–페닐에탄올	1.0–1.9
	(E,E)–팔네솔	0–1.5
	β–카리오필렌	0.5–1.2
	오이게놀	0.5–1.2
	초산 제라닐	0.2–1.0

장미(앱솔루트, 프로방스)	2-페닐에탄올	64.8-73.0
	(-)-시트로넬롤	8.8-12.0
	알켄 및 알칸류	1.1-8.5
	제라니올	4.9-6.4
	네롤	0-3.0
	오이게놀	0.7-2.8
	(E,E)-파르네솔	0.5-1.3
	테르피넨-4-올	0-1.0
	메틸오이게놀	0-0.8
샌들우드(서호주)	α-산탈롤	15.3-17.0
	α-비사보롤	12.4-15.0
	(Z)-누시페롤	9.0-14.0
	(E,E)-팔네솔	7.9-8.4
	덴드로라신	3.3-5.3
	(Z)-β-산탈롤	4.6-4.8
	(E)-Nuciferol	2.2-4.8
	(E)-α-베르가모톨	3.8-4.6
	β-비사보롤	2.9-4.4
	불네솔	1.0-3.6
	(E)-β-산탈롤	2.9-3.3
	(Z)-란세롤	2.3-3.0
	(E)-네롤리돌	0-2.2
	과이올	0.4-2.0
	β-쿠루쿠멘	1.3-1.5
	에피-β-산탈롤	1.0-1.4
	β-산탈롤	0.5-1.0

네롤리(이집트)	리날룰	43.7–54.3
	(+)–리모넨	6.0–10.2
	초산 리나릴	3.5–8.6
	(E)–β–오시멘	4.6–5.8
	α–테르피네올	3.9–5.8
	β–피넨	3.5–5.3
	초산 제라닐	3.4–4.1
	(E)–네롤리돌	1.3–4.0
	제라니올	2.8–3.6
	(E,E)–팔네솔	1.6–3.2
	초산넬랄	1.7–2.1
	β–미르센	1.4–2.1
	사피넨	0.4–1.6
	네롤	1.1–1.3
	(Z)–β–오시멘	0.7–1.6
벤조인(수마트라)	안식향산 벤질	50.7
	벤질알코올	43.4
	(E)–계피산–(Z)–신남일	1.5
	계피산	1.4
	계피산 에틸	1
	안식향산	0.1

카모마일 (로만)	안젤리카산 이소부틸	0–37.4
	안젤리카산 부틸	0–34.9
	안젤리카산3–메틸펜틸	0–22.7
	초산 이소부틸	0–20.5
	안젤리카산 이소아밀	8.4–17.0
	안젤리카산2–메틸–2–프로페닐	0–13.1
	이소뷰티르산2–3–케틸펜틸	0–12.5
	안젤리카산2–메틸–2–프로필	0–7.4
	캠펜	0–6.0
	보루네올	0–5.0
	α–피넨	1.1–4.5
	α–테르피넨	0–4.5
	카마줄렌	0–4.4
	(E)–피노카르베올	0–4.4
	α–투옌	0–4.1

"Essential Oil Safety: A Guide for Health Care Professionals"
R.Tisserand and R.Young (Churchill Livingston, 2014) 에서 발췌